优雅女人
在岁月中修养自己

晓 嫒 编著

煤炭工业出版社
·北京·

图书在版编目（CIP）数据

优雅女人，在岁月中修养自己／晓嫒编著. -- 北京：
煤炭工业出版社，2018

ISBN 978 - 7 - 5020 - 6832 - 5

Ⅰ.①优… Ⅱ.①晓… Ⅲ.①女性—修养—通俗读物
Ⅳ.①B825.5 -49

中国版本图书馆 CIP 数据核字（2018）第 190501 号

优雅女人　在岁月中修养自己

编　著	晓　嫒
责任编辑	高红勤
封面设计	荣景苑

出版发行　煤炭工业出版社（北京市朝阳区芍药居 35 号　100029）
电　话　010 - 84657898（总编室）　010 - 84657880（读者服务部）
网　址　www.cciph.com.cn
印　刷　永清县晔盛亚胶印有限公司
经　销　全国新华书店

开　本　880mm × 1230mm$^1/_{32}$　印张　7$^1/_2$　字数　200 千字
版　次　2018 年 9 月第 1 版　2018 年 9 月第 1 次印刷
社内编号　20180049　　　定价　38.80 元

前　言

　　在这个旖旎多姿的社会，女人成了世界的一道风景。放眼所及，有忙碌地穿梭于工作间的职场女人；有性感迷人勾人魂魄的广告女人；有花枝招展亭亭玉立的酒吧女人……她们是春的使者、夏的凉风、秋的情韵和冬的雅致。

　　在漫长而又短暂的人生路上，女人曾经拼搏过，也曾经失落过；曾经笑过，也曾经哭过；曾经怦然心动过，也曾经黯然神伤过。花开花落使女人疲惫，风花雪月让女人憔悴。世事纷乱，滚滚红尘，磨砺着女人细腻柔软的心，岁月不只深刻在女人的脸上，更沉淀在女人的心里。在今天激烈的社会竞争面前，许多女人不得不面对残酷的工作压力和家庭生活的挑战，在家庭与事业、理想与现实之间，时常会感到迷茫和疲惫，心

灵在现实中飘荡，梦想在忙碌中枯萎。

幸福是一种气质，是一种源自充满希望和感知的心灵，实现于勤劳、灵巧的双手，展现于温暖脸庞、由内而外的气质和美感。蕙质兰心的女人、懂得爱与被爱的女人、内心踏实并满足没有过分贪欲的女人、拥有朋友并能与人分享快乐的女人、被人信任被人肯定的女人、既聪明又懂得包容的女人、自立智慧的女人都流露着幸福的气质。

幸福是女人一生追求的目标，女人的幸福必须靠自己来争取。本书从心态、健康、美丽、智慧、情感、事业六个角度来阐释成就女人一生幸福的方法与原则，以帮助广大女性朋友塑造自信乐观的心态，打造美丽迷人的个性，培养高雅的气质与品位，从而成就辉煌的事业，收获美满的爱情和婚姻，拥有幸福如意的人生。

目 录

|第一章|

做一个有品位的女人

|第二章|

女人要有修养

目 录

3

|第四章|

女人要有气度

|第五章|

女人的爱情

第一章

做一个有品位的女人

女人要了解自己

　　在光怪陆离的物质世界，人们在物欲洪流中沉浮，追名逐利，出卖自我，忘记了自己的存在，以至于迷失自我。苏格拉底说："世界上最难认识的就是自己。"虽然证明一个人的自身存在和价值要通过身外之物，可是，在你证明和追求这句话前，要认识自己，尽管这是个既艰难又漫长的过程。

　　一个人只有认清自己，明白自己的心灵，才会把一切恐惧与焦虑抛之脑后，轻松上阵。认清自己，才能扬长避短。作为女人的你，更应该清楚地了解自己。试想，作为一个女人连自己都不了解，又怎能规划好人生呢？所谓"知己知彼，百战不

殖"，只有认清自己的优劣，才能赢得人生的成功。

每一个读过《茶花女》的人都不禁为之动容，为凄婉的爱情及女主人公的悲惨遭遇而流泪。然而，大家有没有想过，造成悲剧的原因是什么？是因为女主人公对自己没有充分的认识，当心爱的人离她远去以后，她整日沉湎于自叹、自贱、自怜、自伤、自贬中，没有选择乐观、坚强、自尊、自爱地生活。如果她能勇敢地去追求属于自己的爱情与幸福，这个"茶花女"将绽放出一种别样的美丽。可见，要想生活得幸福，首先在于你对自己的看法。

那么，一个女人怎样才能了解自己呢？可以从以下几个方面着手。

首先，借助于外力。认清别人容易，认清自己却很难。这时，不妨通过别人对你真实、客观的评价来了解自己，把它当成一面镜子。

其次，客观地看待自己。把思想言行独立于己身，把自己当成一个陌生人来进行评价，包括对自身优点与缺点的综合评价。

最后，经常反省。孔子云"吾日三省吾身"，圣人能做到一日三省，不要求你有圣人的境界，但要求你每隔一段时间对

自我进行反省。不妨进行深层次的自我剖析，把对别人吹毛求疵的精神用在自己身上。这样，可以不断地进步，离成功的目标也就更近一步了。

一个人认清自己以后，还应该做到什么呢？

首先，不自贬、不自卑。不管自己过去失败了多少次，告诉自己没有关系。人生哪有常胜将军？况且你也从中吸取了教训，为以后的成功做好了铺垫。

其次，做个自尊、自强、自爱的女人。把优点发挥到极致，去做你感兴趣的事情，不要仅凭感情做事，更多地通过理性思考去做事、决策和思维。树立坚定的信念，不畏艰险，勇往直前，追求成功。

最后，树立自己强大的信心，要相信"天生我材必有用"。

心灵的成熟是一个持续不断地自我发掘的过程，要坚信自己是独一无二的。

三分长相，七分打扮

提到化妆，也许你的眼前会浮现出这样的场景：一个女人拿着一只大大的刷子在脸上拼命地刷，或是坐在化妆台前，眼前已是一堆化妆品。可以说，美女之所以成为美女，是因为她们不会错过任何为美丽加分的机会。妆出气质与品位，化妆就是有这种奇特的效果，不管你原本漂亮与否，你都可以光彩照人，魅力四射。

1. 眼部化妆

（1）画眉。先确定眉形和长短，根据自己的脸形来决定，自然眉最美。依照原有的眉形画即可，先用眉梳刷过，再

画上淡淡眉色。要想营造剔透感，甚至可以粘上水晶颗粒。

（2）勾勒出超细的黑眼线。画眼线不能太过明显，应该像从皮肤内透出来的那么自然。眼线用黑色眼线笔画才显得有神。画的时候，从眉峰拉起上眼皮，由眼头往眼尾画，靠近眼头处要越细越好。

（3）涂眼影。根据自己的肤色来涂，并要掌握好涂抹的方法。一般而言，眼皮中央和眉弓涂高亮色，眼周眼尾外涂深色，深隐部位涂调和色。

（4）刷睫毛膏。刷睫毛膏不仅能让睫毛变长，还可以使得睫毛根根分明，但不要刷浓密型或有结块的睫毛膏。

2. 唇部化妆

画唇对改变脸形和气质很有影响，将上唇线画高，脸形会显长，将唇峰画低，脸形就变圆。另外，脸部轮廓也会随唇线的改变而改变。

对于平直形唇的人来说，可以在勾画上唇线时，描画出明显的唇峰，把下唇画成船底形或圆弧形。对于嘴角下垂的人来说，用遮盖霜涂于唇轮廓周围，尤其是唇角部位，再用唇线笔勾画轮廓线，改动唇两侧的轮廓线使唇具有上翘的趋势。对于嘴唇凸出的人来说，唇角略向外延，嘴唇中部的上下轮廓线都

尽量画直，收敛过于突出的感觉，唇膏宜选用偏冷色。对于嘴唇过厚的人来说，要用深色唇线笔沿唇角勾画，保持嘴形本身的长度，将其厚度轮廓向内侧勾画。

化妆过程中要注意的是：

（1）香水不要涂于面部。因为一旦太阳光线照射到搽香水的部位就会引起化学变化，皮肤红肿刺痛，严重可致皮炎。

（2）不要经常拔眉毛。经常拔眉毛不仅会损害生理功能，而且会破坏了毛囊，与化学涂料作用导致局部感染。

（3）口红不可多涂。口红中含有油脂，它在吸附空气中飞扬的尘埃、各种金属分子和病原微生物的同时，还能够渗入人体皮肤。这时，各种病菌乘机进入口腔，引起病症。

（4）不使用一种粉底。单一的粉底颜色比脸部的肤色过深或过浅，所以应该多备几种粉底，随四季肤色的改变而不断调整。

（5）眼圈不要涂厚重的眼影粉。当天气热时，汗水会将眼影粉冲入眼内，损害视觉器官，引起沙眼、红眼病等症状。

（6）眉和睫毛上不涂面膜。拉抻式面膜粘在眉毛和睫毛上，当揭面膜时很容易将眉毛和睫毛一起拔掉。

（7）白里透青是化妆大忌。若脸上使用油脂化妆品，再搽

上一层香粉，使之白里透青，阳光中的紫外线就无法被吸收，影响体内维生素D的产生。

（8）不使用他人的化妆品。不要成为疾病传染的受害者，因此，既不要将自己的化妆品借给他人，也不要乱用他人的化妆品。

（9）给面部按摩手力不要过大。天热时人体毛孔放大，表皮较嫩，按摩时用力过大，面皮被磨面膏中的"沙子"损伤，再经风吹日晒，反而变得粗糙。

（10）不提倡不断补粉。终日不断地在脸上补粉，脸上就会出现很不雅观的斑底。

选好服饰

　　要全面评价一个女人的品位与涵养，外表虽然只是一个很小的方面，但它往往是最直接也是最为关键的，是你与人打交道的第一张名片。着装是很有讲究的，带有浓郁女人味的着装，让原本平平常常的女人脱颖而出，俗话说："人靠衣装，马靠鞍。"那么，女人着装应遵循哪些原则呢？

　　一般来讲，女性着装须以整洁美观、稳重大方、协调高雅为总的原则，还要考虑到服饰、色彩、样式与自身年龄、肤色、气质、发型、体态相协调，着装要符合时间、地点和场合，不同场合的服装有不同的着装特点，选择服装时要注意符合这些特点。你首先应找到适合自己的风格。你留什么样的发型，戴多大的耳环，穿哪种样式的衣服，穿多高跟的鞋……你到底适合什么？你对自己了解深刻吗？你的外形特征，你对自己的脸形、面容、身材、姿态的视觉印象，对自己性格的把握，也可以通过周围朋友对你时常用的形容词来给自己的风格归类，总之，在扮靓自己之前，要对自己的个性风格有个准确的把握。下面重点介绍职业女性的着装要领。

1. 职业类型与环境决定着装风格

不成功的着装所传达给老板的唯一信息是：重要的任务不能放心交给你做。要想树立完美的职业形象，着装学问是必须要掌握好的。职业女性应选"着"正式的职业套服，不同的企业有着不同的企业文化，做教师的当然不能"着"吊带装，当时尚杂志的编辑记者当然不要打扮得很古板，所以，要根据职业环境来着装。如环境较为宽松，则可选择造型感稳重、线条感轻快、富有质感和挺感的服饰，服装的质地应尽可能考究，色彩应纯正，不易皱褶。服装应以舒适、方便为主，以适应整日的工作强度。办公室服饰的色彩不宜过于张扬耀眼，不要干扰工作环境，影响整体工作效率。应尽量考虑与办公室的色调、气氛相和谐，并与具体的职业分类相吻合，服饰款式的基

本特点是端庄、简洁、稳重和亲切。

2. 量体选衣

要根据自身特点选择服装，别人穿着好看的衣服到了你身上未必也好看，所以量体选衣是必要的。体型娇小的女性适合简洁流畅风格的服装，可以使身形显得修长。身材不高但丰满的女性适合同一色系的衣服，这样可以有使身材变高的感觉，不适合闪光发亮的衣料或带有夸张图案的面料。在这里，不推崇过分时髦。对于现代女性来说，热衷于流行时装是很正常的现象，身处于这样的大潮之中，即使你不去刻意追求，流行也会左右着你。要避免过分花哨、夸张的款式，对于极端保守的服饰，可以增添一些配饰点缀一下，这可以免于死板之感。流行的东西是美，但并不是在所有场合都能收到好的效果，公司里的美主要体现在工作能力上，而并非赶时髦。所以，作为一个成功的职业女性，对于流行的选择不能盲目，要有正确的判断力。

3. 掌握色彩技巧

不同色彩会给人不同的感受，如深色或冷色的服装让人产生视觉上的收缩感，显得严肃庄重，浅色或暖色调的服装会有扩张感，使人显得年轻活泼。还要根据自己的肤色来选择服

装的色调。一般而言，皮肤白皙的女性，对服装的色彩要求并不严格，适应面较宽。肤色较深的女性既不适合着太过鲜艳的也不适合黑色的服装，可选择白色或海军蓝。皮肤微黄的女性适合粉红色、浅紫色的服装，这种色彩会使脸色增加亮度。此外，服装的色彩与个人的性格也要相协调。沉静内向的女性适合选用素净的色彩，这与她沉静、淡泊的心境相吻合。活泼好动的女性宜选择色彩强烈的服装，以体现她的青春气息，也可选择蓝色调的服饰来增添一些文静的气质，性格内向的女性也可选择粉色调的服装来增加活泼亲切的气质。还有重中之重的一点就是，服装的色彩要随季节的变化而变化。春天适合明亮的色彩，如黄色、浅绿色；夏天适合素色，给人清凉之感，如白色、蓝色、玉色；秋天适合中性色彩，如金黄色、米色；冬天适合深沉的色彩，如黑色、古铜色、深灰色。

4. 职业女性着装大忌

工作场合不应着过分暴露的服装。夏天来临，一旦职业女性穿起颇为性感的服饰，会对你的智慧和才能大打折扣，它们将会被埋没，甚至还会被看成轻浮。因此，再热的天气也应注重自己仪表的整洁大方，不应着过分潇洒的服装。只随随便便地穿一件T恤或罩衫，配上一条泛白的"乞丐"牛仔裤，这

与紧张严肃的工作氛围不协调，所以这样的穿着是非常不合适的。不应着过分可爱的服装，会给人做事不认真，不成熟、不稳重的感觉。

着装是人的品位、感性、心态、个性等的集中物化，职业女性一定要把握好这张通行证，走好人生的道路。在选择最适合的着装时，还要注意不要走入误区。

（1）不要过于节俭。

一年到头只穿两套洗得泛白的套装，如果你认为花费在上班服的金钱是无谓的投资那就大错特错了。你沉闷单调的外表会给人一种呆板及不愿与时俱进的印象。所以，为避免因小失大，不妨多为自己添置一些服饰，既可给别人带来新鲜感，又可以令你的自信大增。选几身最适合你的套装，若是将几组套装做巧妙的搭配穿用，不仅是现代化的穿着趋势，也是符合经济原则的装扮。

（2）不要过分崇尚名牌。

质料的讲究已经是不折不扣的事实。所谓质料是指服装采用的布料、裁制手工、外形轮廓等条件的精良与否。职业女性在选择套装时一定不要忽视它，但并非只有名牌服装才质地好，也别认为名牌货一定适合任何人，购买前也需清楚该品牌

的风格及剪裁跟你配合与否。若是外国品牌，更应考虑其设计是否适合东方人的身型，否则买回来的服饰需要左改右改，既糟蹋了衣服又浪费了金钱。

（3）不能无视自己身材的缺点。

你需要有面对自己身体缺点的勇气，例如腿粗就别着短裙，身材肥胖亦别着紧身衣物。当然，若你坚持这样的穿法，也不是罪过，但不会是令人赏心悦目的搭配。此外，过分性感或暴露的服装绝不能出现在办公室中，这会惹出不必要的麻烦，更会给人留下花瓶的印象，而失去升职的可能。若是看重自身的职业或事业心重的女性，千万要注意这一点。

（4）别过分自信。

服饰配衬很讲求自信，但也不表示你需要谢绝所有评语，漠视别人的建设性意见。过分坚持太过自我的装扮，其实也不代表你会穿出最符合自己的理想形象。职业女性还必须注意，除了穿着应该考究以外，从头至脚的整体装扮也应讲究，强调整体美是现代穿着中最流行的字眼。

现代职业女性生活形态非常活跃，需要经常花心思在服装的变化上。所以，懂得如何以巧妙的装饰来免除更衣的问题，是现代职业女性必须明了的，在出门前，最好先略做安排以为

万全之计。一套剪裁得体、质地优良、色彩和谐的服装，再加上恰到好处的饰品，瞬间便会塑造出一个风采出众的女人。着装之于女人，如同绿叶，令国色天香的牡丹更显雍容华贵。掌握好着装的学问，将使美丽女人拥有一份难得的个人资本。

　　着装趣味小测试：

　　当你打开衣橱门，无论是春夏装还是秋冬装，无论是衣服、裤子还是短袖、裙子，乍一看，你的衣物以什么色系为主？

　　A．亮眼色系

　　B．深暗色系

　　C．粉彩色系

　　D．柔和色系

　　解析：

　　选A，受欢迎指数71分。当你来到一个新的环境，大家第一个认识的人就是你，可是，那些和你交往的朋友多半只有三分钟热情。

　　选B，受欢迎指数62分。你是个喜欢安静的人，常常一个人静静地思考一些问题，你的朋友不多。

　　选C，受欢迎指数83分。你是个被宠坏的公主，你的任性使得关心你的朋友渐渐远离你。然而，大家总是不知不觉地被你吸引。

　　选D，受欢迎指数94分。你有着很强的亲和力，人缘极好，但如果有朋友得罪你，你会很情绪化的。

保养自己，让肌肤永远年轻

　　肌肤是女人富有魅力的外在表现。一个有着娇美肌肤的女人，不管年龄多大，看上去都会给人以漂亮、愉悦的感觉。除了肌肤的白皙和柔润外，丰腴、细腻而富有弹性的肌肤使女性平添了几分美感。"肤若凝脂""冰肌雪肤"是女人最美丽的一件衣服。如果你想让这青春和美丽驻足，那么，就要想一些办法来让肌肤保持年轻、保持弹性。

　　1.学会洗脸

　　你真的会洗脸吗？洗脸时一定要用清洁乳，洗脸前先将双手洗净，然后待洗面乳发泡后涂于面部，轻轻按摩，不要用

力，否则会使皮肤的角质层受伤。洗完脸后，要用毛巾吸水，切不可让它自然干，因为水分在蒸发的过程之中，也会带走你肌肤中的水分。之后，涂上化妆水，间隔的时间不宜过长。美是女人持续不断地、坚韧不拔地对自己的关心。所以要想保持美丽，就要持之以恒。

2.拥有充足的睡眠

长期失眠或睡眠不足，对肌肤会造成很大的伤害，随之而来的就是肤质变差，更会影响生理发生变化，引起便秘等症状，会让面部生有暗斑与粉刺。因此，无论你工作有多忙，都要保证有充足的睡眠，这是由内而外对肌肤进行的改善。

3.吃出肌肤光彩

要想保持肌肤光彩亮丽，就得从饮食上多下功夫：

（1）摄入充足的水。皮肤干燥多是人体缺水所致，使得皮脂腺分泌减少，导致皮肤失去弹性，甚至出现皱纹。所以，要给肌肤"喝足"水，每日饮水8杯，每杯200毫升左右。

（2）要多吃富含维生素和蛋白质的食物。维生素对于防止皮肤衰老，保持皮肤细腻滋润起着重要作用；蛋白质则能使细胞变得丰满，从而使松弛的肌肤变得充盈而光滑。富含维生素的食物主要有动物内脏、新鲜蔬菜和水果等。富含蛋白质的

食物主要有鸡蛋、猪蹄、猪皮和动物筋腱等。

（3）在夏日里，尽量少吃感光食物，包括木瓜、胡萝卜、香菜和芹菜。这类食物吃多了之后，遇到阳光皮肤会被晒得偏红或是偏黄。香菜和芹菜里都含有吸光剂，吃了之后皮肤容易被晒黑。

（4）泡出水嫩肌肤。泡浴不单是为了洁净身体，它还是一种有效地缓解身心疲惫的最佳方式，适当的水温可以让体内的血管扩张，达到消除疲劳、身心舒缓、净化心灵的作用。同时女人多洗温水澡还可刺激卵巢，使内分泌保持平衡，增加肌肤与毛发的光泽，使肌肤纹理更细腻光滑。还可滴几滴精油，多呼吸它散发的香气，让身体直接吸收，有助于缓解压力，使肌肉的神经真正地松弛下来。

（5）脸部运动。每天早晚各一次，每次五分钟，先由左向右、再由右向左转动下巴，连做十次；之后大张嘴，放落下巴，再紧闭嘴，连做十次，反复操作。用掌心由内向外呈圆周形按摩脸部，可促进血液循环和新陈代谢。通过脸部运动，可以保持肌肉的坚实与柔软，可以减缓肌肉的松弛老化程度。

此外，还应该注意防晒，它是重要的抗衰老的方法。因为阳光直射会促使黑色素活泼，导致黑斑、雀斑，从而令肌肤

过早衰老。所以，每天出门前应该擦上防晒霜。还应该去除角质，消除肌肤表面的粗糙和硬化现象，可以让肌肤更光滑细嫩。而要消除鼻翼、嘴角这些容易囤积黑色素又敏感的部位的角质，最好的方法就是敷脸。

解决肌肤常出现的问题

　　无论是在炎炎烈日、紫外线肆虐的夏天，还是在寒风凛冽、大雪纷飞的冬季，这些可怕的外在条件足够让毛孔变大，使黑斑发育，皱纹滋生，正因如此，女人才慢慢衰老。

　　1.皮肤冒痘痘或出油，尤其是T字部位油脂分泌过盛

　　出现原因：可能是晚上涂的化妆品太滋润，也可能是头发造型品碰到皮肤所致，也可能由于气温过高，使得毛孔扩张进而刺激皮脂腺分泌，十分容易长出黑头和痘痘。

　　解决办法：深层净化。迅速急救的方式是用小毛巾包裹冰块，以此减轻痘痘红肿的现象。另外，也可选用一些含有水杨

酸、活炭等成分的洁面产品，重点清洁前额、鼻头以及下巴等部位。根本的办法则是不刺激皮肤，不要晒太阳，不要使用过油的产品。提倡保养品换季，选用水质、质地清爽的保养品。并且使头发和寝具随时保持干净，使用磨砂膏或者具有去角质功效的产品帮肌肤做好清洁和去角质工作，之后一定要使用具有补水、收敛功效的爽肤水。建议你每周至少做一次深层清洁，可选用类似火山泥等具有清洁、收敛毛孔功效的面膜产品。

2.肌肤毫无血色、没有光泽

出现原因：当人们在睡觉的时候血液会缓慢地流向脸部，醒来时皮肤可能比较苍白。还有是因为采用高蛋白节食法，以至于身体里缺乏维他命 B，导致皮肤显得暗沉。也可能是由于面部肌肤严重缺水所致。

解决办法：建议室内温度控制在22～26度左右，这是最适合人体皮肤休息的温度。既不会刺激肌肤，也不会因为到室外时由于温差太大而使皮肤过敏不适。或者暂停使用所有保养品，坚决不晒太阳，可使用天然皮肤理疗用矿泉喷雾。不通过节食的办法减肥。

3.汗水过多加重肌肤新陈代谢负担，细纹横陈

出现原因：长时间把脸压在枕头上数小时，导致脸上的细

纹更明显，此外，压力也是造成干燥纹路的原因。

解决办法：当条条皱纹跃然脸上时，青春的风采自然会弃美人而去。所以想美丽依旧，最好的办法是加大保湿力度。拥有一台加湿器，它是你美容的好帮手，你可以蒸几分钟，通过热蒸汽的作用来消除小细纹。或者用保湿霜按摩脸部肌肤，也可以让干燥失色的肌肤醒过来。

4.头发干枯，没型

出现原因：由于睡觉姿势不当而引起，也可能是自身发质的问题。头发凌乱不但影响外表，连心情都会跟着低落。

解决办法：给头发保鲜，护发造型双管齐下。只要把头发分成六股，均匀抹上修护精华，再裹一层保鲜膜，戴上护发帽后，利用沐浴时的蒸汽帮助吸收，洗完澡再冲掉。可以像面膜一样，一周使用一次，或者连续敷四天，密集修护。

5.有黑眼圈，眼袋很大。

出现原因：由于睡眠不充足，睡眠质量不好、失眠，或常常熬夜，都容易有黑眼圈。女性在25~30岁之间就会生出眼袋。这多半是脂肪堆积的结果。

解决办法：美容觉的黄金时间是晚上十一点到三点，长期坚持，熊猫眼就会神奇地自动消失，通过敷眼膜、搽眼霜也能

改善你的黑眼圈，但是这种外在的保养，只能暂时减轻症状，拥有充足的睡眠才是最有效的方法。此外，睫毛膏可以使眼睛有神。

6.眼中有红血丝

出现原因：用眼过度，睡眠不足。

解决办法：当你长时间看书或对着电脑时，不妨抽出几分钟时间来转动眼球，做个眼保健操，多给眼睛做运动会让眼睛看起来比较灵活，黑白分明。运动方式很简单，就是上下左右绕圈圈。

认真培养六个亲肤小习惯，忠诚地使用适合的保养品，衷心地热爱生活，一切都会不一样。

做一个有品位的女人

　　每个女人都渴望成为一个有品位的人，因为真正的品位，会使终日蒙尘的生活闪闪发光。执着于品位的女人是热爱生活的女人，追寻有品位生活的女人，绝对是优雅与别致的女人。

　　女人的品位是一个女人内涵的外在表现。一个人的品位，是与其环境、经历、修养、知识分不开的。只有有意识地培养良好的修养，积累丰富的知识，才能充实内心世界，才能表现出高尚的思想和高雅的品位。品位女人乐观向上，不颓废不放纵，她们机智成熟自尊，有独立的思想和人格，她们不求性感，但求格调。她们不尖刻，内心柔软但又充满自信。她们没

有怨恨，没有悲哀，更没有寂寞。

诗人们说："美的东西令人心旷神怡。"对于一个女人来讲，只有自身拥有了美丽的体态、丰富的色彩、高雅迷人的风姿等一系列的视觉美感，才能给人一种有品位的印象。

那么，如何打造你的品位呢？

1. 优雅的坐姿

有品位的女人都知道坐姿是一种艺术。从她走近椅子的那一刻起，不管急缓都是轻松地走，左脚放在椅胶中央，然后半转身，屈膝慢慢坐在椅子上，两脚合起来往右边挪一挪，左脚置右脚后面，这就是最优美的坐姿。要求端正、舒适、自然、大方，身体重心平衡地落在椅子上，坐下后不要东张西望，左顾右盼。坐着时，双手在身上东摸西摸、双脚不停抖动、跷二郎腿、双脚钩着椅子或双腿伸成"大"字形，等等，都是失礼而不雅的坐姿。

2. 正确的走姿

步伐应该是轻盈平稳，身体有重心，态度娴雅从容。出门不要着拖鞋。眼睛看前方，头抬起。两手臂靠近身体垂下，手指自然弯曲朝向身体。两脚走路时以两条直线往前走，不要交叉。

3. 亲近音乐

悠闲的周末，沏一壶茶，气定神闲、静心闭目，让自己徜徉在音乐的海洋里，可以想象自己遨游于广袤的太空，也可以想象自己正漫步在乡间小路，沐浴着充满泥土气息的微风；或是在浪花汹涌澎湃的海边，回忆往事……经典旋律，使女人如醍醐灌顶，一切烦躁变得云淡风轻。

4. 研习茶道

茶道让女人心灵更加宁静，从而散发出女性特有的轻柔味道。纯净之余，还会领略到其他东西。闲暇之余，泡一壶好茶，约二三知己，促膝清谈，只谈风月，无关名利，享受远离红尘片刻的美妙时光。

5. 深究厨艺

系上漂亮的围裙，走进干净雅致的厨房，煲一锅鲜美的汤与心爱的人一起分享，别是一番滋味在心头。

6. 精心装扮自己

装扮的最高境界就是注重细节，一分一秒都不可懈怠。就如夏奈尔所说："永远要以最得体的打扮出门，因为也许就在转弯的墙角，你会遇到今生至爱的人。"可以说，装扮是展示你的第二语言，不用谈话，你的职业、品位、个人气质与文化层次便会准确无误地告诉别人。品位女人展现给老公的，也是雅致的风采。

7．亲近旅行

在钢筋水泥的都市丛林之中，把所有的工作放下，走出去享受另一片艳阳天，可以没有计划、没有日程漫无目的地行走，体味着风土人情，让自己徜徉在如梦般的仙境之中，让思绪尽情飞扬。

8．长于修心

她真挚、博爱、慈善、宽容；她心灵恬静，不在乎人生的功利，注重幸福的内涵，她随遇而安，让自己有一颗平和的心灵，面对物质诱惑，她安然待之。

作为女人，要有自己的特色。深邃的内涵洋溢着纯真的气息，高雅的风采闪烁着清淡迷人的韵味，这些都根植于高尚的人格。从现在起，请做个有品位的女人吧！

微笑的女人最美丽

　　微笑，像含苞欲放的花蕾。它根植于人类真诚和善良的心灵之中，在生活中洋溢着沁人肺腑的芳香。

　　拥有微笑的人，是自信的、善良的、从容的、快乐的、坚强的、充满希望的……生活需要微笑，人与人之间也需要微笑，给予别人，给予你自己。微笑，不仅仅是一个动作，它给予的，或许是黑暗中的一盏明灯、寒冷中的一丝温暖。

　　微笑被人誉为"解语之花，忘忧之草"。微笑是多彩的花，是一颗颗美好的心，向着明天，向着未来……

　　在人生的旅途上，它是最好的身份证。微笑着告别痛苦，微笑着迎接快乐。即便未来的岁月里，继续有重重的困难，但我们心灵的花蕾上，仍然要闪耀着希望的滴露，依然要闪烁着信念之光。

微笑如阳光一样，可以驱散人心中忧愁的阴云；微笑如春风一样，可以吹散所有的误会与烦恼。看！那成功和自豪，在微笑中向你走来。微笑似无声的音乐，传递着美妙绝伦的情感；微笑似写意的绘画，展示着它乐观的精神风貌。它是自由的，永远不会凝固；它也是含蓄的，永远不会浅陋。顺境中的微笑，对于我们来说，它是一种嘉奖；逆境中的微笑，对于我们来说，它是一种理疗，理疗人心，抚平创伤。

也许人们会欣赏蒙娜丽莎的微笑。然而，真正的杰作，却是生活中那些发自心灵深处闪耀着自由之光的纯真微笑。

当真情被别人轻易抛弃的时候，你会感到很痛心，可是不要大吵大闹，不要失去理智地恶意报复他，你要明白只有用豁达的胸襟才能拨开层层迷雾，转忧为喜。从另外一面想，你要感谢他离开你，给你机会去寻找属于自己的真爱，在爱面前，没有勉强与将就，只有彼此的欣赏与适合，所以祝福他更要祝福自己，没有因为一时的糊涂而选错了人生中的伴侣，你不是应该庆幸吗？在给予别人宽容的同时，自己也得到了一份欢乐的心情。女人的一生难免有

坎坷、困难，不可能一帆风顺。对生活充满信心的女人，总能笑对这些不幸，用快乐抹平生活的创伤，活出一份精彩。一个女人，如果对生活充满信心，她就能微笑着支撑起一个真正幸福的家庭，哪怕遭受再大的不幸和厄运。

学会了微笑，就战胜了自己，用自信、自尊和自强冲淡可能存在的悲观、失望甚至堕落。微笑会诠释心灵的谜语，解释痛苦的内涵与外延，体味人生的底蕴。

女人的微笑最美、最有吸引力。当男人与女人吵架时，只要女人开始微笑，立刻就能化解敌对的气氛，让两个人的关系变得和谐而甜蜜。古龙有一句妙语，笑得甜的女人，将来命运都不会太坏。确实如此，幸福的女人绝对不会拉长了脸度日。微笑让女人有着美丽的心情；微笑让女人有着宽松的环境；微笑让女人有着迷人的风采；微笑让女人有着青春的容颜！

在人生的巅峰，事业有成、爱情美满时，我们当然会笑逐颜开，但更重要的是面临挫折与困难时，我们更要保持笑容。因为，生活不相信弱者的眼泪，它只对乐观进取的人微笑，而在每个人的笑容背后，蕴含的正是一种乐观的精神。它会给我们意志力、勇气和信心，是战胜困难的温柔而有力的武器。

微笑是女人从内心深处盛开的一朵花。把这朵花送给别人，

既悦人又悦己，世界将更和谐美丽。微笑是一个女人付出的快乐，它不费分文但给予甚多，为家庭带来愉悦，在同事中增加友谊，让温馨在人间弥漫。"一笑倾人城，再笑倾人国。"女人的笑容往往具有强大的力量。一个真正懂得微笑的女人，总能轻松度过人生的风雨，迎来绚烂的彩虹。女人的笑容不只有"回眸一笑百媚生"的魅力，背后往往还蕴藏了巨大的力量。这种力量不但能以温柔的方式化解人生际遇的各种坚冰，还能引导你直接到达光明的圣地，领略到生命的最美境界。微笑是女人最迷人的表情，将微笑挂在脸上的女人，才是幸福的女人。

女人很可爱

　　即使再不爱打扮的女人，也喜欢照镜子。女人都是爱美的，哪个女人不希望自己具有花容月貌呢？假如你没有美丽动人的容貌，称不上绝代佳人，那你就不美了吗？当然不是！

　　老车去拜访一位多年不见的朋友，他的朋友结婚了。在茶会间，他结识了年轻、美丽的朋友的妻子，主妇对客人亲切而温柔。这时，老车对朋友说："你的太太很可爱，她真是个美人。"

　　在一次奢华的酒会上，老车又遇见了美丽的少妇。她完全被舞会迷住了，在穷乡僻壤长大的她努力学着那些有钱女人的模样，既做作又装腔作势，她的眼神里流露出贪婪与无限的向

往与追求，还口是心非地说："这舞会使我厌倦，我讨厌这空虚的氛围。"她的言行不一以及娇揉造作的举止令老车感觉十分可笑。

半年后，老车得知朋友的生意遭遇了变故，当他来到朋友家时，他看到朋友手足无措，对发生的一切无法接受。妻子却对他说："亲爱的，请不要伤心，你还年轻，你还有信心，将来一切都会好起来的，我也可以养活我自己呀！只要你像原来一样，我就很幸福了。"老车目睹了这一切，他十分感动，他认为少妇是最高尚的女人。

三种场合下的同一个人，却给人留下三种印象，起决定性作用的是什么呢？当然不是她的美貌，而是她的内心。对于女人的外貌，她自己是无法选择的，而心灵的美丽，却可以由后天来塑造，也是女人可以选择的。

那么，怎样去做个可爱的女人呢？

女人可以漂亮、发嗲、娇媚、会撒娇，适时地小鸟依人；也可以变得成熟、自然、自信、自主、懂事；也可以将独立进行到底。要知道，一生的幸福与快乐，并不是男人给的，而是自己智慧地、独立地、自信地、豁达地活着。要试着学会欣赏

他、钦佩他、理解他、包容他、爱惜他。只要记住不要丢了自我，抛了灵魂，弃了自己的人际交往圈子，失了追求新时尚的动力，沦落成一只寄生虫，一旦离开了他便只能随风而飘。

（1）可爱的女人内心应该充满自信。因为他不是主宰，所以也不必成为他的附庸，更不会渴盼他给你幸福与安全。你深知自我完善的重要性，你的信条是"天助自助者"。

（2）可爱的女人拥有高贵的心态。她并不一定要出自于豪门，也并不一定身处显赫的位置，只要懂得在生活之中如何给予男人信心，如何让他放心。

（3）可爱的女人善解人意。诚然，女人的温柔可以彰显出一个男人的刚强，他也喜欢你的温柔，但是有时女人的温柔却是一种纵容，是它成全了你不该托付感情的男人的罪恶。这里的善意不等同于温柔，可爱女人所心怀的善意，是有所节制的。她不会为情所困，也不把感情看作她生命的全部，如此豁达的女人怎能不可爱呢？

（4）可爱的女人有主见。多数女人都理性少于感性，处理有关友情、爱情、亲情、事业、家庭等等一切情感问题时，过于感性。倘若能够理智地审视过往的情感，并把这一切处理得井井有条，会令他佩服。

（5）可爱的女人聪明、乐观。她不但会让自己的心灵快乐，还会把这份快乐传达给身边的人。她与世无争，不刻意表现自己的温柔，从不自夸贤惠，她总是知性而智慧地待人，给他自由、关怀、尊严与宽容。

（6）可爱的女人不会刻意追求美丽的容貌。因为她深知花容月貌只不过是美丽的躯壳，如同过眼烟云，她会不断地充实自己，丰富自己的内在气质。

歌德说："严格说来，美人是在一刹那才是美的，当这一刹那过去以后，她就不再算得上美人了。"

随着岁月的流逝，再貌美的女人也无法让红颜永驻。然而女人内心的美，却是岁月无法带走的，而且它会随着岁月不断增加。可以说，每一个女人都有自己的动人之处，都是美丽的，问题在于你有没有发现自己潜在的美。

法国著名作家雨果说："女人不是因为美丽才可爱，而是因为可爱才美丽。"

女人很优雅

　　优雅是一朵花，一朵圣洁的莲花，洁身自好、一尘不染。拥有优雅的女人则会由内而外散发出一种从容、高贵、圣洁的气质。随着岁月无情的流逝，老了容颜，却没有让那颗激情澎湃、涌动如潮的心变老，她依然年轻。也许拥有优雅的女人并没有美丽的外表，可她拥有纯洁的心灵。她追求真理，渴求知识。也许拥有优雅的女人没有过上富足的生活，但她们却从不慨叹命运。从不乞求别人给予自己爱，而是将满腔的爱奉献给那些需要抚慰的忧伤的心灵，并且不求任何的回报，她们的内心满怀着爱，像温暖的火，烘干别人潮湿的心。

一个女人可以有华服装扮的魅力，可以有姿容美丽的魅力，也可以有仪态万方的魅力，却不一定优雅。但是，一个优雅的女人，必然富有迷人的持久的魅力，就像拥有磁石的吸力，能将别人的目光不离须臾间地套牢。这样的女人即使鬓发苍苍，也会有种不能言说、令人心动的韵味。那么，如何做到优雅呢？

1. 飘逸秀发

麻花辫、小吊辫、大波浪、光洁低挽的发髻或随意把长发挽起的小髻都可以体现出优雅。即使是慵懒的卷发，也能在略显随意的动感中表露女人的优雅外在。内敛中释放一点张扬，让优雅散发丝丝浪漫的气息。此外，无论选择哪种发型，都要保持清洁。

2. 清淡妆容

整体妆容要力求薄、透，以营造细腻的肌肤质感。眉毛可以修饰成长拱形，给人优雅的印象。用亮色系在颧骨周围打出长而宽的形状可以让人彰显优雅气质。自然雅致、丰润的自然唇色和淡淡的玫瑰红均可妆出优雅的高贵感觉。

3. 得体着装

无论是职业装、休闲装或礼服，都要注重款式、色彩的选

择，如悦目的粉红、白色，可以营造出女性的柔和气质。从款式上说，修长简洁的线条比"短小打扮"更能体现出卓越动人的典雅之美。

4. 精细配饰

少了一个包，优雅美就有了看不出的缺口。一般来说，拎包比挎包优雅，大包比小袋更具雍容风度。太过夸张的首饰是优雅的大敌。钻链、金项圈、大颗粒的钻石，自有其展示风采的场合，但与优雅无从亲近。

5. 优美站姿

平肩，直颈，下颌微向后收，两眼平视；双手自然下垂，手臂自然弯曲，双腿要直，膝盖放松，大腿稍收紧；双脚并齐，两脚跟、脚尖并拢，身体重心落于前脚掌；伸直背肌，双肩尽量展开微微后扩，挺胸；重心从身体的中心稍向前方，并尽量提高。

6. 迷人坐姿

从45度的位置，斜斜地向椅子坐去，同时用余光确定椅子的位置。坐下时，不要往后看，更不可倾斜上身，而应使上身保持直挺，从容不迫地坐下，先坐三分.之一，再慢慢调整，坐在椅子的二分之一或四分之三处。坐好后，膝盖以下的腿部是

直立的，正确的坐法会使双腿看起来好像相叠在一起。

7. 优雅走姿

要想走得优雅，应使重心始终放于两腿之间，脚跟先着地，保持两腿直立，并且要把体重有意识地放在大腿上。走路时，还要保持上身挺直，重心随脚尖逐渐向前移动。这种走姿如风行水上般轻盈、优雅，长期坚持下去，可使双腿变得更苗条。

8. 谈吐不俗

拥有一口标准的普通话，这是优雅的最外在体现。然后用语要谦逊、文雅。如用"贵姓"代替"你姓什么"，礼貌谦逊的用语不仅展现了你优雅的魅力，还能体现出文化素养以及尊重他人的良好品德。此外，不妨让声音柔和一些，使用低缓、柔软的声音，会让人觉得你是优雅、温柔、细心的女人。

拥有优雅的女人也抗拒不了岁月在脸上添加的那一道道皱纹，也许她们已不再年轻，但是她们对生活有着无穷的乐趣及永不枯竭的热爱之情。她们眼中所及，无不充满了好奇，她们的字典里从来没有郁闷与烦躁。她们喜欢像小鱼一样，自由自在地在这广阔的人生海洋里遨游，用独特的视角，记录下每天的感动。当她们静静地观看窗外风景时，心也随着大自然的美好景观而飞向远方，展开希望的翅膀飞向那湛蓝壮阔的天空。

　　也许拥有优雅的女人并不精明，在名利与智慧面前，她会选择拥抱智慧。

　　拥有智慧的女人是从容的，更是大度的。她会远离嘈杂，并在远处审视它。当她置身事外时，她对于名与利为何受欢迎而感到疑惑不解。那些人疯狂地为它争来争去，打破了头，流了血，受了伤，没了命，衣衫不整、蓬头垢面，还要视死如归、前仆后继。她们不理解为什么这浅短的利益就能迷住人的眼，只能无奈地甩一甩头，甩掉这世俗无聊的一切，尽管这繁华三千她依然执着如初。

　　也许拥有优雅的女人随着峥嵘的岁月在成长，眼睛却依旧是清澈透明，没有任何杂质，她们抱着本真前行，从未丢弃过那美好的纯真。她们有着水晶般晶莹剔透的心灵，很单纯也很轻盈。

　　在这个世界里，她们总能够轻灵地纷飞。她们看待世界的眼光，是儿童般的率真，充满了真诚，这种眼神能够让冰雪消融，能够让冷风驻足。

　　也许拥有优雅的女人永远都学不会自私，可正是因为如此，她们才更加美丽动人。这份无私让人相信温暖，仅仅是在举手投足之间，也会散发出迷人的魅力。她们给人以温暖、慰

藉与信任，同时还严格要求自己，她们自尊、自爱、自信、自强。颓废、空虚、迷茫无法接近她们。无论时间怎样流逝，都不会让毅力被磨损，更不会使内心屈服，缺失了信念。

女人要温柔

作为女人，可以潇洒、聪慧、干练、足智多谋、文韬武略，更有一点尤其不能少，那就是温柔。温柔是女人最动人的特征之一。它是女人撒手锏，百炼钢化成绕指柔绝不是神话，是一种发自内心的女人味，散发出来，到了极致，就变成了一种巨大的、无坚不摧的力量。温柔的女人，是微笑的天使，是美丽的永恒，她可使美丽纯洁变得更高雅又平易近人，具有一种特殊的处世魅力，使得人们钟情和喜爱与她交往，这种温柔如绵绵的细雨，润物细无声，给人一种温馨柔美的感觉。

温柔是一种艺术。学会在纷繁琐事中寻找温柔，在轻松自由、欢乐幸福时拥抱温柔，在柳暗花明时奉献温柔，在逆境中创造温柔，这是一种令人敬仰的气质与人格。温柔的女人懂得男人的坚强与脆弱、疲惫与痛苦，她总是一点一滴地从生活中的小细节入手，用女性行为中最自然、最温柔的方式，体贴爱惜男人。

那么，女人如何能做到温柔呢？

1.通情达理

宽容是温柔女人第一要素，这是女人温柔的外部表现。温柔的女人应该懂得谦让，对人体贴，不会当众给人难堪，会从对方的角度去思考问题。

2.不软弱

懦弱、软弱并不等同于温柔。软弱是人的缺点，而温柔则是人的美德，二者有本质的区别，不可混淆。娇滴滴、小女孩儿腔、乱撒娇这些刻意的东西都与温柔无关，除了能够吸引一些肤浅的男子，只会被大多数人看成是惺惺作态。

3.立场明确

不说似是而非的话语，不说一些能够给对方留下一线希望的话语。如："我暂时不想谈，让我再考虑一下。"你的语言要真诚温和，表明自己的立场，说话时面带微笑，用你温柔的

话语表达你的决心，会令对方敬佩。

4.善良

对人对事都抱有美好的愿望，懂得关心与帮助别人。

5.性格温顺

即使遇到令你十分生气的事情，也不要为之动怒，更不要火冒三丈。任何事情都有解决的办法，而通过动怒来解决实为下下之策，要运用智慧去化解生活之中的困难。

6.细心

最令人心动的女人并不是她有多么高高在上，也不是她取得多么惊人的成绩，而是她能够设身处地地细心关怀和体贴他人。同时，她也富有同情心，对于弱者、遇到困难之人、老幼病残，要尽可能地帮助他们。

7.稍微脆弱

为了满足男性喜爱"保护"女性的欲望，可以适当表现一下"脆弱"。

8.不张扬

温柔的女人把更多的时间留给自己，她们用独处的时间来丰富完善自身的学识与修养，爱读书，懂艺术，志趣高雅，内心丰富饱满，一旦动了真心，就会用真心与细心去体贴和关心

自己的爱人。

　　温柔的女人是一首诗，令人心醉；温柔的女人是一杯茶，清新怡人；温柔的女人是一首歌，旋律悠扬；温柔的女人是深刻的，历久不衰。

女人要幽默

具有幽默感的女人，兼具才华出众、气质高雅、美貌过人、聪明可爱等特质。具有幽默感的女人更加性感，她善解人意，很解风情，特立独行，能勇敢的自嘲。不具幽默感的女人，如同没有香味的花朵，形似而无神，生动可人的外表总是少了几许灵气，让人感觉有所欠缺。究竟什么是幽默？它并不是低级笑话，是一种真正的生活智慧，是一种心灵状态，也是一种生活态度，不仅是生活的动力，也是心灵的处方。它更是经历了沧桑与艰难，或是享受过荣华与富贵之后，仍旧保持一种乐观、进取、永不轻言放弃的积极的人生态度。它是智慧的

提炼，是才华的结晶。

　　幽默的女人是有亲和力的女人，她带给人们一种愉悦感，使人们在笑声之中自然而然地与她拉近了距离，不但有助于双方情感的交流，也使对方轻松舒畅。幽默的女人即使经历过很多苦难生活，依然拥有乐观从容的心境，她会云淡风轻地描述，总是从另一个角度去解读生活。在她轻轻的一来一往的言辞中，充满了生动的韵味，让一切变得晴朗起来。幽默的女人无时无刻不散发着特有的魅力。她是豁达的，对事物看得十分透彻，困难和挫折从不会吓退她。她们知道自己所需的生活，也有着从生活中提炼出生存的智慧的能力，她们的生活态度既现实又充满激情，生活被快乐包裹着。

　　工作中，具有幽默感的女人能促使自己去了解、影响和激励他人，同时也促使她更深刻地去了解并接受自己。当女人施展幽默的力量去了解别人的想法时，工作的沟通之门就已被打开。幽默能丰富每个人的生命，令人回味无穷，然而大量数据显示，女性是比较缺乏幽默感的，通常女性采用比较严肃的方式去看待事情。更有一些女性，在工作场合也总是摆出一副不容侵犯的面孔，当她们不慎犯错时，不是用借口掩饰内心的不安，就是用眼泪来博取别人的同情，此种做法极不可取。具备

幽默感的女人，必须具备文化底蕴，还要具备一些灵气，幽默的女人总是兼具才气与灵气。幽默女人热爱生活，有着淡淡的从容不迫和无惧，她面带微笑用心地去体会生活、感受生活，去化解生活路上的一切问题，这样的女人自信、优雅、温柔而妩媚。

　　然而，幽默也要有尺度，要因时、因地、因人而异，要把握好度，没有什么不可以，但一定不能过分。即使有再大的风浪通过幽默也会平息。如果一个男人很喜欢笑，懂得去欣赏女人的幽默，女人这时去发挥幽默的能力，当然很适合。面对有幽默能力的女人，男人在开始时可能会被女人睿智的内心世界所吸引，而暂时淡忘了她的外在条件。然而要注意，即使是在共同生活了许多年、两人已经变得很默契了之后，女人也必须准确地把握幽默的时机。在男人认为自己对家庭的主导地位受到威胁的时候，就不要再跟他开玩笑。这是因为男人在觉得地位受到损害的时候，是笑不出来的。不要开他的玩笑，不要开他父母的玩笑，也不要把自己与以前恋人的可笑事再翻出来，他是笑不出来的。

　　那么，怎样培养你的幽默感呢？

　　（1）在领会幽默内涵的同时做个乐观自信的女人。幽默

不是嘲笑讽刺，它是机智而又敏捷地指出别人的缺点或优点。正如有位名人所言："浮躁难以幽默，装腔作势难以幽默，钻牛角尖难以幽默，捉襟见肘难以幽默，迟钝笨拙难以幽默，只有从容，平等待人，超脱，游刃有余，聪明透彻才能幽默。"试想，一个悲观颓废的人怎能有心情幽默呢？所以，幽默的女人必须乐观与自信。

（2）锻炼自己的思维与表达能力并不断扩大知识面。幽默需要智慧，它是建立在丰富的知识基础上的。如果词汇贫乏，语言的表达能力太差，是无法达到幽默效果的。只有拥有广博的知识，具有审时度势的能力，才能做到妙语连珠、谈资丰富。因此，要培养幽默感必须不断充实自我，通过广泛涉猎收集幽默的浪花，抑或从名人趣事的精华中撷取幽默的珍宝。

（3）幽默的人要懂得宽容。想要自己学会幽默，就要学会宽容他人，凡事切勿斤斤计较。

（4）提高幽默的一个重要方面就是培养深刻的洞察力。能够精准地捕捉到事物的本质，用恰到好处的比喻，通过诙谐的语言，才能产生幽默的效果，让人产生轻松的感觉。

幽默的同时，还不能马虎，要具体问题具体分析，不同问题要不同对待，让幽默为人类精神生活提供养料。

第二章

女人要有修养

良好的修养为你增色

　　一个女人经常不守时、屡次迟到；与人交谈时常打断别人的谈话，对别人的意见大加反驳；从不懂得尊重人，对人漠不关心，一副置身事外、心不在焉的样子；语言不文明，说话尖声大叫；言行不一，善于自夸；从不设身处地为别人着想，极端利己主义；与人斤斤计较、睚眦必报，缺少同情心。试想，这样的一个女人如何谈得上有修养呢？

　　一次，记者采访一位父亲，问他希望女儿将来成为一个什么样的人，他回答道："一个有教养的女孩儿。"

　　那么，什么是教养呢？它不是随心所欲、唯我独尊的姿

态，它是善待他人，善待自己的心态。表现为认真地关注他人，真诚地倾听他人，真实地感受他人。一个女人如果没有才华，不会有人怪她，但如果没有良好的教养，即使她才高八斗、学富五车也不会有人看得起她。一个女人的教养是"知书达理，温柔贤惠"。

什么样的女人才是有教养的女人呢？

（1）有教养的女人热爱生活、善待自己。无论是情场失意还是事业受阻，她都不会伤害自己，只是让自己有短暂的低落，永不会因此堕落或放纵。她珍视健康，有规律地运动并保持良好的身材，她会抽出时间保养肌肤，很容易发现生活中的美好与感动，不会因为琐碎的烦恼而在心灵上留下痕迹。她展现于人的，是健康、亮丽、秀外慧中，是成熟、自信，神采飞扬。她像一杯充满着淡淡茉莉花香的茶，令人流连忘返，回味无穷。

（2）有教养的女人聪明博学。她们不但知识广博、冰雪聪明，而且与人有说不完的话题，无论是天文地理还是科技人文，她都能做到信手拈来，她玲珑剔透的思维无不令人惊叹折服。她的言谈收放自如，透露着一种风趣。在言谈过程中，如果与人意见不合，她会轻松地化解，她懂得"己所不欲，勿施

于人"的道理，既不会将自己的意见强加于人，也不会照单全收别人的意见，她会以委婉的方式来化解尴尬。

（3）有教养的女人是令人敬佩的、尊敬的、愉悦的，使人感到如沐春风。讲话有分寸，对人不刻薄；公共场合端庄大方，举止不轻浮；有爱心，并善于表达爱心；常常赞美祝福他人，而不是嫉妒人。有教养的女人像潺潺溪水，让周围的人被浸润。

（4）有教养的女人既有思想又富智慧。她有见识，不耍小聪明，拥有大智慧。无论是生活、工作、爱情她都拥有自信、自尊，追求完美。

因为她能够坚持一种美德，在无知的人面前保持应有的礼节，失礼是她最不能容忍自己犯的错；在无辜的人面前，她绝不把自己的坏心情转移到他身上；面对失败，她绝不因此而失态；面对成功，她也从不妄自尊大；她清楚什么是自己该有的神态和举止，并且，她懂得约束自己，在任何时候都保持这样一种令人尊敬和钦佩的美德。

教养可以为你的美丽增色，从现在起，做个有教养的女人吧！

让女人魅力十足

　　"魅力"一词，在字典上的含义："很能吸引人的力量。"魅力是女人的综合指数，是从女人的身体内部和心灵深处自然而然涌动、喷发、流露出来的一种气韵。魅力是一种力量，是一种无形而能摄魂的引力，是一种无言却有震撼力的魄力。

　　魅力是一种灵性，灵性能保持女人的鲜活。一个女性如果靠化妆品来维持，生命必定是苍白的。

　　魅力是一种智慧，一点点地雕琢、塑造一个女人，即使是一个不经意的动作，都能吸引所有人的目光。

　　魅力是一种个性，蕴藏在差异之中，只有不断创新，才能

拥有与众不同的韵味，成为一个让人一见难忘的人。

魅力是一种修养，在城市涌动的喧嚣中，洗练出一种超凡脱俗的"宁"与"静"。

如果一个女人美丽再加魅力，她将是一幅十分清新淡远高雅的画卷，韵味无穷；她将是一首隽永韵致的诗，雅致无限；她将是一首舒缓柔美的乐曲，让人陶醉其中。

那么，如何修炼你的魅力指数呢？

1. 做个"有味道"的魅力女人

"有味道"即是指事业、家庭、生活都美满的女人。而且女人要知书达理，要读书，要含蓄、温柔，千万不要像泼妇。

2. 爱读书的女人

贤淑文雅的女人，情味浓、意境深，她的身上充满着书卷气味，让人有了品了还想再品的感觉。所以说读书女人"灯如红豆常相思，书似青山总乱叠"的情调，有着"勤向书山永登攀，不破冰海终不还"的情怀，这样有味道的女人，谁人不爱？

3. 丰富自己的内涵

不断学习，掌握各种技能，提高自己的生活品位，让自己的智慧体现在言谈里、笑容中、生活内。因为一个有文化内涵的女人，就会变得优秀，就会变得温文尔雅，善解人意，于是

身上就散发着一般女人所没有的那种味道。

4. 气质高雅

有些女性看起来其貌不扬，但颇具魅力。其奥秘就在于她们具有诱人的气质和完美的女性特征。高雅的气质是女性与男性之间心灵沟通的重要因素。

5. 温柔善良

女人的柔情是男性的港湾，是男性的依赖所在。

6. 自尊稳重

女子端庄淑静的气质，本身就有吸引男人的魅力，要长于自我克制，拒绝诱惑，自尊自爱，保持女性纯洁，保证家庭稳定。

7. 积极上进

不仅要做贤妻良母，而且要有事业心、进取心，帮助丈夫在事业上出谋划策，与丈夫共进退。

8. 自信独立

自信的女人最美。现代社会，妻子如果事事都要依赖丈夫，没有独立人格，最终会被人瞧不起。

美丽出于天然，而魅力却需要经过后天培养方能形成。许多不美丽的女人因为自身独特的魅力，总能在熙熙攘攘的人群中卓然挺立。魅力是女人一件永恒的化妆品。如果天生丽质，请让高雅的气质升华美丽；如果长得不美丽，也大可不必耿耿于怀，可以从内而外修炼独特的魅力。只要心底灿烂，就会由内而外散发出恒久的魅力。

让书香熏染你的独特气质

罗曼·罗兰说："和书籍生活在一起，永远不会叹息。"要想做一个有主见、有内涵、充满浓郁女人味的新时代女性，读书是必由之路。书犹如一把钥匙，可以开阔女人的眼界，净化心灵，充实头脑。它让女人变得聪慧、坚忍、成熟，让女人明白包装外表固然重要，但更重要的是滋润心灵。读些好书，会让女人保持永恒的美丽。

女人为什么要读书？坦言说，女人的智慧，一半是从生活中揣摩出来，另一半则是来自书本。一个爱读书的女人，一定会浸染上那种淡淡的持久的书香，富有女人味。书本所赋予她

的，是丰厚的文化底蕴，不但陶冶了情操，而且使她优雅、大方。拥有的知识越多，智慧就越丰厚，也就越美丽脱俗。书香所熏染出的女人不但迷漫着清新淡雅的气息，而且滋润着她的心灵。

1. 女人读书，可以为她注入新鲜的血液

不读书的女人，很容易被生活中的灰尘夺去往日的光彩，使头脑里荒草丛生，缺乏新的思想。可以说，"女子无才便是德"的时代已一去不复返，如果不想让时代淘汰，不想让别人产生审美疲劳，请走进书的世界。

2. 女人读书，可以使她变得有主见

把读书当作业余爱好的女性，会从中找到思想的共鸣，变得有主见，不随波逐流，即使遇到困难也有着很强的承受力。

3. 女人读书，可以使她们不再感觉到孤独

书籍可以点燃心灵中的希望之灯，让她们不会在黑夜里迷失方向。一心把疯狂购物、赌博、找情人……当作生活主线的女人是空虚的，她们不会学习，更不懂得思考，她们感到孤独、寂寞，甚至找不到自我存在的价值与意义，如同划过天空的流星，转瞬即逝。

4. 女人读书，可以使她们远离无知

　　读书是不断地否定旧我，重塑新我的过程。可以说，否定自我是一个非常痛苦的过程，有很多人怕学习，怕被否定，所以她们不读书，固执地选择逃避学习，逃避成长，与无知为伍。

　　读书是怡情、博彩、长才。只有用一颗豁达的心去读书，才能体味书的微妙之处，汲取书籍中的养料。一本好书，相伴一生。有这样一种女人，喜欢买书、读书，偶尔也写书。她们身着普通的衣服，素面朝天，走进花团锦簇、浓妆艳抹的女人中间，反而格外引人注目。是气质、修养和浑身流溢的书卷味，使她们显得与众不同。

　　读书的女人有品位，爱读书的女人不管走到哪里，都是一道知识风景。也许她并不美丽，但美丽正由内而外地透出来，她谈吐不俗，仪态大方。爱读书的女人美丽，不是鲜花，不是美酒，她只是一杯散发着幽幽香气的淡淡清茶。女人味是女人终生的美丽，容颜可以老去，可女人味不会因时间的流逝而淡去，甚至会延续到生命的终结。若一个女人失去女人味，就像鲜花失去香味一样，再明艳也不会得到别人的青睐。但她有一种内在的气质，优雅的谈吐，超凡脱俗，清丽的仪态无须修饰，那是静的凝重，动的优雅，坐的端庄，行的洒脱。那是天

然的质朴与含蓄混合在一起，像水一样柔软，像风一样迷人，像花一样绚丽。

对于书，不同的女人有不同的品位。不同的品位会有不同的选择。不同的选择会得到不同的效果。有的女人读书是为了获取知识，增长才干，她们比较注重思想性强、有哲理、有深度的书。书提高了人生境界，使她们活得很充实。这样的女人本身就是一本书，一本耐人寻味的书。然而，在现代这样一个知识高度集中的时代里，没有人能够博览群书，因为精力与时间都很难保障。所以，读书也要有自己的选择，适当弥补自己知识体系中的一些空白与不足，就能比别人多几分典雅。

读书的女人把大多数时间用在读书上。读书对于她，是一种生命要素，是一种生存方式。她是懂得保持生命内在美丽的智者。爱读书的女人是美丽的，她们美得别致。即使是不施脂粉，也显得神采奕奕，风度翩翩，潇洒自如，风姿绰约。在她们的笔下，文字细腻而温婉，思绪灵动而敏捷。字里行间，融入女性独特的精神气质和心灵体验。她们对生命过程的阐释，对生存状态的抗争，对人生价值的追求，显示出一种参与社会的责任感。

不读书的女人没有独立的灵魂空间，没有思想的闪现，那

无可挑剔的容貌也是黯淡的。而一个正在读书的女人能给人以无限的美感。她们拥有从容的心态，能保持年轻的心境，从而对于年华的逝去无所畏惧。不埋怨环境，也不艳羡别人，让心情一天比一天愉快年轻。读书会使她产生一种情调，一种超越了形体的持久的妆容，一种不会被衰老所剥夺的美丽。它为女人的美丽增添了厚重的文化底蕴和质感。或许美化灵魂有不少途径，阅读是其中易走的、不昂贵的、不需求助他人的捷径。爱读书的女人，生活情趣高尚，很少去叹息、忧郁或无谓地孤独、惆怅。因为她们懂得与其长吁短叹，不如把时间和精力用来读书。

读书可以帮助女人不时地清除心灵尘埃，释放压力与重负，经营生活与感情，这种对心灵的滋润可以让女人幸福一生、美丽一生，拥有独特的书香女人味。

做一个智慧女人

当女人青春逝去，她脸上细碎的皱纹在阳光下几乎无处可藏，犹如凋谢的花朵，失去了昔日的天姿风韵时，青春就像道瞬间的光芒，短暂易逝。而智慧却是恒久不变的，它超越了时空，它的美使人变得深邃、博大。智慧，是女人的另一张永远年轻的面孔，是生命中恒久的化妆品！

你曾穿着牛仔裙在校园里优哉游哉，一说话就脸红；你曾穿着职业套装，坐在办公桌前严厉地批评下属；你曾与心仪的他在夏日的夜晚一起看了场电影，不经意中拉了一次手，结果你幸福了整整一个夏天；你曾在香格里拉酒店陪客户吃自助

餐，却莫名其妙地感觉空虚，一时间对一切感到索然无味；成家后的你，把自己奉献给了家庭、事业，被所有的繁杂琐碎困扰着，你给自己的越来越少，到最后你遗失了自己；你抱怨着自己无私地为家庭付出，却换来家庭的裂痕，你早已不知自己的梦想与憧憬去向了何方；你骨子里无法停止对别人经历、生活、拥有的羡慕，这种欲望在内心不断地肆虐，让你力不从心、心生疲惫。

不如听智者的忠告："每个人的生命，都被上苍划上了一道缺口，你不想要，它却如影随形。以前我也痛恨我人生中的缺失，但现在我却能宽心接受，因为我体验到生命中的缺口，仿若我们背上的一根刺，时时提醒我们谦卑，要懂得怜恤。若没有苦难，我们会骄傲，没有沧桑，我们不会以同情心去安慰不幸的人。"人不要习惯于丈量自己的缺失，要生活得豁达一些，想想你所拥有的亲情、友情，拥有的健康，拥有的聪明头脑，你所拥有的绝对要比没有的多很多。现在，你更应该做的是去珍惜你所拥有的一切，而不是一个劲儿地点数着缺失。勇敢地面对挫折，用你的信心和勇气去做个智慧的女人。

智慧，是由善良、宽厚、温柔、坚强、敏感、风趣诸多美德融汇成的一种独特气质。智慧就是一点点从内心雕琢一个人、塑造一个人。它并不是小聪明，也不仅仅是知识；它是一种经验、一种天赋、一种悟性，再加上一分灵气而结成的一块璞玉，愈磨愈光洁明亮。受高等教育有文化、有知识的女性是知识女性，但却不能说她们都是智慧女人。相反，没有受过高等教育的女性，通过自学知识，从社会中领悟到真谛，并加以创新取得成功的女人，却是智慧女人。知识是传递，智慧则是创新。

智慧女人有善良美好的心灵，有平衡的心理，有宠辱不惊、处变不乱的心态，有较强的领悟力，无论遇到大小问题都能把握分寸，做出明智的抉择。智慧女人外貌不一定很漂亮，却有一种由内而外散发出来的独特气质，周身也散发出一种魅力。智慧女人在学习中不断丰富自己，在吸取经验教训中逐步完善自己。

智慧女人不但拥有睿智的头脑，而且拥有成功的事业、独立的感情和轻松的生活状态。智慧女人不是世界上最富有、最有钱的人，却做着比赚钱更有意义的事。她们自我把握得很好，从容自信，周身散发出超然洞明的气质。工作中的智慧女人，表现得游刃有余，她们善于思考、探索，创新；善于在工作学习、总结、运用的良性循环中前行；她们还善于不断调整

自己，寻找更适合自己的工作平台、展示自我。一切空间和时间在她们那里都被发挥得淋漓尽致。

智慧女人更热爱人生、热爱生活，她们在追求幸福的过程中不断地充实生活。生活中的她们，把身心健康、人生魅力列为生命中第一要务，她们深知亚健康状态是女性的最大杀手，她们不想失去工作和生活的能力、失去原有的自信，更不想失去独特的魅力与人生的幸福。运动场所、禅房、大自然里均有智慧女人阳光靓丽的身影。她们深知强身健体可以舒缓紧张、消除烦恼的功用，通过运动让自己的内心平静，达到健身、健美、养心的效果。

那么，如何做智慧女人呢？

1. 不断学习

通过学习不断地接受新思想、新观念，以防被突飞猛进的时代所淘汰。通过在工作、生活中的学习，要不断地思考，有创新的思想。女人青春美丽的容颜会随着时间的流逝和生活的磨蚀而褪色。要让自己能永远得到人们的欣赏和赞扬，就必须拥有丰富的内涵和极致的韵味，让自己内在的高尚修养和高雅气质来弥补因岁月流逝而带来的不足，只有这样才能从心灵深处源源不断地溢出摄人心魄的魅力。

2. 思想和人格上要独立

女人的生活可以琐碎，但生命应当坚忍。自强、自尊、自爱、自信是做女人的根本。如舒婷的诗歌《致橡树》中所说的"我必须是你近旁的一株木棉，作为树的形象和你站在一起。"女人要做一株木棉，而不该是一根树藤，只有自己欣赏了自己，才有可能让别人欣赏你。决不要人云亦云，随波逐流。

3. 保持良好的心态

做到心胸坦荡，纯洁无瑕，不要有过多的奢望和贪婪。要热爱生命，学会生活，要常怀宽容和感恩之心，不要怨天尤人相信命运。要用心去营造一个属于自己的平静的生活环境，拥有高雅的爱好和情趣，善于用眼睛发现身边的美，并用心去感受它。

4. 要恪守做人的原则

不违背社会道德，摒弃庸俗。要看清自己的特质，明白自己的所求，去做最适合自己的事情。不要让无聊、平庸的事情来破坏自己平静的生活，在繁华浮躁的世界中，能让自己的心归于平淡。只有这样，才能不辜负上苍赐予我们的多姿多彩的生命。

5. 要培养自己的兴趣爱好

起码亲朋好友聚会时不会感到落伍。写下十件自己真心想要做的事或是对自己有助益的事，是否能够实现忽略不计。例如去海边度假、学弹琴、学画画、写几本书之类的，然后一件一件地去完成，完成了一项就再补上一项，这样生活永远是充实的。

6. 懂得家庭和谐是人生幸福的根基

她是浇灌并培植根基的细心园丁，是在根基上建设美丽大厦的设计师和建筑师。在家庭中，是关爱丈夫的好妻子，不动声色地用技巧帮助丈夫成熟，协助丈夫事业成功。她是子女的好母亲，是他们的第一任老师；她是父母的孝女，是父母夕阳岁月的精神支撑；是亲朋好友中的纽带，传递信息交流感情，促进亲情友情的深化，带给家庭和亲友们更多和谐。

7. 要适当注重容颜保养和穿着打扮

"智者千虑，必有一失"。智慧女人也不是完人，她的人生中也会出现失误和错误，然而这些并不影响她的光彩和美好人生。她注重精神和道德的力量，掌握着得失取舍的分寸，她懂得人生是一盘棋，自己同自己对弈，懂得取舍，有所期待。

智慧女人的十种素质

1. 做事不拖拉

惰性，每个人的身上都有，事情不急时，都爱往后一拖再拖。如果时时刻刻想到"现在"就会完成许多事情；如果常想"有一天"或"将来什么时候"再说，就将一事无成。俗话说"今日事，今日毕"。

2. 不做女强人

"女强人"被人贴上了能干的标签，别人认为她们无所不能，所以女强人很累。"女强人"要求任何事都做得完美，然而这个世界上并没有十全十美的事情，所以一旦不完美，她们就很

烦。"女强人"习惯于发号施令，缺少了女人的柔情。"女强人"永远处在紧张忙碌的工作状态之中无法自拔，她们很孤独，正所谓"高处不胜寒"。所以，智慧女人不做"女强人"。

3. 不嫉妒别人

有嫉妒心理的人，往往发生在与她旗鼓相当、能够形成竞争的对手之间。这是一种难以公开的阴暗心理。平时，要注意性格修养，真诚地帮助他人，甚至是对手，这样不但可以克服嫉妒心理，而且更有助于在事业上取得成功。

4. 做自己喜欢的事

人的一生短暂而漫长，有很多人把喜欢的事悄悄放在内心深处，然后再加上一把锁，而去做那些自己该做而并不一定喜欢的事。不要成为生活的牺牲品，要努力挤出一部分时间给自己，去做喜欢做的事。

5. 注重礼仪

不耳语，不失声大笑，不侃侃而谈、滔滔不绝，不说长道短、揭人隐私，不情绪低落、大煞风景，不呆若木鸡、木讷肃然，不当众涂脂抹粉，不过分热情，也不过分冷淡。

6. 果断与坚持

许多机会都是在犹豫不决中失去的。人需要果断，也需要

坚持，果断才能抓住机遇，坚持才能取得成功。光有果断而没有坚持往往属于有思想而无行动，办事往往雷声大雨点小，最后一事无成；光有坚持又不能果断，则属于光会实干而没有灵感的类型，经常会坐失良机，毫无创新可言。

7. 善良宽容

在不可避免发生争吵时，女人要学会主动退让。在这种小事上要学会"弹性"处理。女人能够主动让步，一定会有更宽阔的视野来环顾四周，也能强而有力地面对更复杂的人与事。

8. 会说话办事

怎样做个会说话办事的女人呢？以下几个因素可作为参考依据。一是要清楚对方的身份地位；二要注意观察对方的性格；三是通过对方无意中显示出来的态度及姿态，了解他的心理，捕捉到他真实、微妙的想法；四要根据对方的层次修养来把握谈话的风格，做到雅俗共赏，别让人有格格不入的感觉。

9. 拥有积极的心态

无论在任何情况下都应具备的正确心态就是积极的心态。它是由"正面"的性格因素所构成的，如信心、正直、希望、乐观、勇气、进取等等。女人拥有积极的心态，会令她们说话时的语气、姿态及面部表情发生变化，在举手投足之间尽显迷人个

性，更加光亮动人。

10. 放飞梦想

无论如何的冥思苦想、苦心谋划着想要有所成就，都绝对代替不了身体力行地去躬身实践，那些没有实际行动的人无论计划制订得如何完美，最终也难免是白日梦一场。有梦想的人，就算不能实现这个梦想，也会因为奋斗的过程而实现特别的价值。有梦想的人，言行举止都与相同处境的人不一样。

智慧女人爱自己

　　张小娴说："如果你真的没办法不去爱一个不爱你的人，那是因为你还不懂得爱自己。"女人要尊重自己、欣赏自己。

　　从出生的环境到成长历程，从接受各种不同的爱、受的教育，从身边的每一个人到整个社会的影响，都无一例外地执有或高或低的准则。每个人心中都有一些大不相同的这样或那样的准则，它伴随着人的成长而循序渐进。当年岁增长、阅历丰富时，准则也在不断地改善和弥补。行为、语言、思想会被它左右，它是人面对社会、他人的处世态度及人生观。

　　每个女人心中都有一个准则，女人如何爱自己？女人爱自

己，不只是肌肤的保养和容颜的护理，还要多看些书，充实自己，还须培养更多的业余爱好，不断丰富自己。爱自己，不是放纵自己，相反，是约束，这才是真正地在爱自己。

女人爱自己并不等于自私自利，不会爱别人。爱自己的女人，懂得如何完善自己，修炼自己，懂得在任何时候、任何地方都不会为一己私利而自毁人格和尊严，懂得生活的快乐是付出。

没有沉鱼落雁的美貌，没有聪颖睿智的头脑，没有魔鬼般的身材……都没有关系，只是请不要忘了，你是独一无二的。如果每个女人都是西施，那谁还会看出西施的美？人生的舞台上，女人可以依靠智慧、品行和修养来弥补先天的不足，来更完善和充实自己。美丽就像一把无形的尺和一杆无形的秤，每个人在上面标示的刻度都不同，任何一个女人都可以成为爱她的那个人心目中的天使。所以，上帝可以不宠我，但我可以宠自己。爱自己的女人富有智慧！

那么，女人如何来爱自己呢？

1.欣赏自己，提高自己

一个女人经历失恋的痛苦、生活的挫折和失败，脆弱的心灵早已伤痕累累，与其苦苦经营感情，不如提高自己的魅力值。在爱别人前，要学会先爱自己。学会在恶劣的状况下保护

好自己，不让自己成为他人的附属品。

2.不放弃梦想

不为不可知的未来而焦虑企盼，不因对往事惋惜而不能自拔，只知道现在的每一分每一秒才是最重要的，才是能够确定的。不为了爱情而盲目牺牲自己的事业、学业、朋友、亲人等，更不会做一厢情愿的无谓牺牲，不放弃自己的梦想。

3.学会善待自己

在这个多姿多彩的世界上，要好好地生活，活给自己看，也活给爱自己的人看，还活给那些瞧不起自己的人看。生命中所遇到的挫折，是上苍给予的礼物，让你在成长中学会坚强。

4.懂得安排生活

爱自己的女人会精致地安排一切——生活、事业和爱情；爱自己的女人即使失败，也不会一蹶不振、心灰意懒；爱自己的女人不会因为一时的挫败就蓬头垢面、借酒浇愁地来糟蹋自己；爱自己的女人永远会在每一天精心地装扮自己，即使有泪也只会流给爱她的人看。

5. 能够自律

人的一生总有许多时候没有人督促，没有人监督、叮咛与指导，因为最深爱你的父母和最真诚的朋友也不会永远伴随着

你，拥有的关怀和爱抚都有随时失去的可能。所以，不要自我放纵，要严勤于律己，宽以待人。

智慧女人事业、家庭二者兼顾

　　女人，自己发展得好与嫁得好哪个重要呢？诸如此类的话题，可能常常会出现。尽管叫喊妇女解放已经很多年，但在现实工作、家庭生活中的实际情况，还不是真正的解放。在外面要打拼，回到家要承担大部分家务，孩子也需要人照顾。而不管多么累，在外受到什么委屈，回到家庭要立即扮起贤妻良母的角色。家庭要全心付出，事业不投入全部的话，也不可能有什么好业绩。人的精力是有限的，家庭、事业二者兼顾的女人，怎是个累字了得？能兼顾得好吗？

　　让我们来看两个真实案例：

　　李小姐，30岁，结婚两年多，一直没有要孩子。丈夫长她七岁，她担心丈夫年龄越来越大，对优生优育不利。在外资公司做了三年HR，备受老板的赏识和器重。所以，她希望自己的职位在一两年内做到高级行政主管。但是，受多方面限制，她总是觉得有些力不从心。于是，她决定给自己充电，去读MBA。但是，如果去上MBA，生孩子的事至少要往后拖三至五年。如果不上MBA，晋升到行政副总就遥遥无期。每天，她工作不安心，读书不专心，生孩子又不甘心。自己的心也不知道究竟应放在哪里了。

　　王小姐刚到北京时，满脑子都是如何赚钱，怎样让自己与父母生活得更好，为此她把感情抛之脑后。一心投入工作之中，任劳任怨、加班加点地工作，不断地学习总结，奋斗了三年，她得到了老板的赏识。然而，随着时间的流逝，她越来越强烈地希望有老公的呵护、疼爱，想有个小孩在身边围绕。在小王事业达到顶峰的时期，她回到家里孕育宝宝做全职主妇，很多人当时不理解不赞成，觉得她应该更看重自己的前途，为了家，为了男人，为了孩子不值得这样去做。她说："人很

多时候要学会选择，要学会放弃，特别是女人，事业固然很重要，但是对家庭的付出，对家庭生活的贡献也是一种事业。这一切并不会阻碍事业继续发展，我会更有动力地支持他去完成工作。"

对每一位职业女性来说，在事业逐渐成熟的时候，也正是为人妻、为人母的时候。事业与家庭的对撞，对女人来说是个必须妥善处理的新问题。面对两难处境或者多重选择时，女人要做出重大的决定，往往会顾虑重重、瞻前顾后、拿得起放不下。其实，一个爱家的女人不一定要当家庭主妇，而是能把家作为重心，同时也不放弃在事业上的追求。事业和家庭同样重要，只是在什么阶段怎样去区分怎样去选择更为重要。

女人决不能失去赚钱的能力，不能选择寄生虫的生活。经济基础决定上层建筑，没有经济基础的女性在家庭中能有地位吗？把精力投入到家庭，会和社会脱节，所以，女人要工作，工作会让女人的人格独立。在男女平等的社会里，女人与男人一样接受教育，凭自己就可以实现经济独立。但处在当今社会，人们生活压力较大，光凭男人支撑一个家庭还不太现实，女人工作可以分担一部分经济上的压力。即使男人可以承担起家庭，智慧女人也不会放弃事业，她相信没有人是永远的依靠，有一份事业，可以

保证在失去港湾后还能够独立地生活下去。

　　工作让女人心情愉快。在家庭之外，能够与同事一起为了达到某个目标而喜悦或是焦虑，这种浓浓的团队氛围是在家庭中体会不到的。工作让女人生活充实，更能充分发挥自身的价值。对于女人来说，拥有一份称心如意的工作，可以平衡事业与家庭的关系、协调女人的情绪、保持女人的身心健康，从而促进家庭的和谐幸福。同时，女人工作，还可以填补生活的空白，还能学习到新的东西。

　　工作是一种学习的过程，是一种生活技能，是通过培训和教育就能够掌握的技巧。而经营家庭，需要用心，它是一种生活智慧。要家庭的女人，把大部分时间都花费在孩子和家庭上，不但需要智慧谋略，还要有爱心与耐心、温情与责任。经营家庭与工作不同，它不会出现很多短期内能见得到的任何收获，必须等上很长一段时间。工作的你终究有退休的一天，而家庭却是一个从你出生到死都要生活在其中的环境。工作做得好不好，关系着个人价值体现的大小，为社会贡献财富的多少。而家庭生活是否幸福，则关系到生活质量和孩子的未来，更贴近每个人的现实生活状态。女人，要认清自己在每个阶段的位置，在什么时候该做什么事情，什么是最重要的。人的事

业是没有顶峰的，也没有极限，一个女人如果到了中年只有自己努力奋斗而来的金钱和地位，没有一个完整和谐的家庭，这难道不是一种遗憾吗？

　　女人，你究竟是要事业，还是家庭？不管怎样，女性一定不要丧失自我，要活出个性的精彩来！如何获得幸福生活，聪明的女人既不会放弃自己的事业，也不会忽视家庭这个一生的事业，她会二者兼顾。

智慧女人会赞美

赞美，即为称赞，是用语言表达对人或事物优点的喜爱之情。赞美如一粒种子，会在人心里长出自信的大树。一个懂得赞美的女人就是一位辛勤撒播这粒种子的天使。赞美具有一种不可思议的推动力量，对他人的真诚赞美，就像荒漠中的甘泉一样让人心灵滋润。生活中懂得赞美的女人，不但能让别人获得自信，产生奋起的动力，给他人带来好运，同时，她也能获得别人的尊敬。

一个经常赞美孩子的母亲，可以创造一个充满快乐的家庭；一个经常赞美学生的老师，一定会赢得全体学生对他无限

的依赖；一个经常赞美下级的领导，在下级的心目中，一定是最有威望的。生活中的每一个人，都具有很强的自尊心和荣誉感。别人给他的真诚表扬与赞同，就是对他价值的最好肯定。而能真诚赞美下属的领导，能使员工们的心灵需求得到满足，并能激发出他们潜在的才能。某大型公司的一个清洁工，是最容易被人看不起、最容易被人忽视的角色，然而，正是这样一个人，却与盗贼进行殊死搏斗，以求保住公司的保险箱。事毕，记者问他当时的动机时，他给了个出人意料的答案。他平静地说："每当经理从我身旁经过时，总会赞美我扫的地真干净。"如此简单的一句话，竟令这个员工受到了感动，并践行着"士为知己者死"的口号。可见，使一个人发挥最大能力的方法，就是赞赏和鼓励。

莎士比亚说："赞美是照在人类心灵上的阳光。没有阳光，我们就不能生长。"适当的赞美，能够使人际关系更和谐。阿谀奉承的话语则会迅速地暴露出一个人的人格与企图，最终导致被人蔑视的局面。可见，奉承话是一把双刃剑，用得巧妙可使人际关系转好，反之，则会破坏人际关系。要恰如其分地赞美别人是件很不容易的事。如果称赞不得法，反而会遭到排斥。

在日常交往中，人人需要赞美，人人也喜欢被赞美。如果一个人经常听到真诚的赞美，就会明白自身的价值，有助于增强其自尊心和自信心。特别是当交际双方在认识上、立场上有分歧时，适当的赞美会发生神奇的力量。不仅能化解矛盾，克服差异，更能促进理解，加速沟通。那么，如何做到真诚赞美他人呢？

赞美要遵循如下原则：

1. 对于初次见面的人，不要称赞他的人品或性格，应称赞他过去的成就、行为或所属物等看得见的具体事物

比如，"你真是个好人"即使是由衷之言，对方也容易怀疑"我和你才第一次见面，你怎么知道我是好人"，觉得你不真诚。

2. 赞美要有根据

即赞美并非无中生有的东西，它是有根据的，切记赞美与阿谀奉承只有一步之遥。打动人最好的方式就是真诚欣赏和善意的赞许。

3. 赞美要有度，要真诚自然

赞美是真诚，有纯洁的动机，并不是因想从对方那里谋求什么才去赞美的。卡耐基说："如果我们只图从别人那里获得

什么，那我们就无法给人一些真诚的赞美，那也就无法真诚地给别人一些快乐。"

4.赞美应尽可能有新意

喜新厌旧是人们普遍具有的心理。陈词滥调的赞美，会让人索然无味。而新颖独特的赞美，则会令人回味无穷。

5.赞美应注意场合与方式

可以将赞美分为当众赞美和个别赞美；从赞美的方式来分，可以将赞美分为直接赞美和间接赞美；如果从赞美的用语上，则可以将赞美分为直言赞美和反语赞美。

6.加强赞美的力度

当对方对你的赞美表现出良好反应时，就要改变一下方式，再次给予赞扬。一句蜻蜓点水式的赞美，可能会被对方认为是恭维或客套话，而对一件事重复赞美，则能提高它的可信度，让对方觉得你是真心实意地赞美他。

总之，赞美也必须讲究技巧，只要运用得法，必能打开对方的心扉。

智慧女人会理财

现代社会，女性在家庭中的地位不断地提高。在她们人格独立的同时，经济地位也开始走向独立。然而，除了努力赚钱之外，为了更好地拥有财务的自主权，就要有一个良好的理财观念来导航。在这里，积少成多尤为重要，也就是"涓涓细流汇成大海"。如果想保证这个大海的水源永远也不干涸，就要有一个良好的水流循环，在源源不断地向其投入海水的同时，也要防止它的过度消耗。以下二十个小窍门，可为女性朋友的理财支招。

1. 以钱生钱

"以钱生钱"，在这里的意思是不提倡把钱变成"死"

的，而是把它变"活"。可以改变一下以往将它存入银行就保险的顽固念头，不妨尝试把三分之一的存款用来投资，可以买些风险不是很大的基金或者股票，或者去做一些小的风险投资，因为这样做所取得的收益往往要大于存入银行的利息，而且也会给你带来意外的惊喜。

2. 健康投资

年轻的时候，因为工作累出了颈椎病、肩周炎，到老了，这些病痛会成为很大的麻烦。所以，抽出时间去医院做定期的检查是必要的。即便没有感觉哪里疼痛，也要做这种检查，防患于未然，就是这个道理。如果不想因为生病而毁了大好前程，就不要对此置若罔闻。身体是自己的，生命也是自己的。同时，也可以考虑买一份医疗保险，为健康做一次投资。

3. 房产

当你打算买楼的时候，不妨找一些专业人士咨询一下，寻求他们的帮助。仅凭自己对楼市的认识是远远不够的，房产市场的变数很大，所以在购买时需要谨慎操作。

4. 家居创意

普遍地说，每个女人都有一些恋家，尤其是在温馨家庭中长大的女人。她们喜欢把家布置得更精致温馨而又充满浪漫气

息。经常性地给自己换一些家居摆设，调换一下家具的位置，或者购买一些新的家具都是比较不错的创意。生活之中，多一些变化、多一些新意是很好的，当然有些人会认为这与挥霍毫无两样。只要以不浪费为前提条件，适当地改变一下风格，谁又能说这是不实际的生活态度呢？

5．购物

一个女人财商的有无、高低与她的购物态度是有关联的。作为职业女性不应该把时间浪费在鸡毛蒜皮的小事情上。比如为了几毛钱而和菜贩子在那里讨价还价。同时也不要为了满足虚荣心，而盲目地追求名牌儿，买一些华而不实的东西。更要切记，只买自己需要的，对于买到手就成古董的东西，还是不要涉足。每次去购物时，要列好一张清单，有针对性地去购物。可以去几家信誉好、时常去的店面逛逛。即便再有钱，也不要一掷千金，花钱如流水，甚至为了面子，去办各种VIP卡，比如健身卡，却从来没有去锻炼。不要暴殄天物。

6．学习

选择好的专业，对于自己将来所从事的工作以及经济上的回报有着直接的关系。或者更为精确地说，你所选择的专业决定着将来赚钱可能性的大小。

7. 工作

对待工作的态度，也反映了你对待生活、对待人生的态度。好的工作习惯的养成，是至关重要的。工作时间不要经常性地做一些私人的事情，比如聊天、接听私人电话、和同事闲话家常，这些做法都是不成熟的表现，而且也不利于好工作习惯的养成。对待工作要认真，而且要有一个好的观念，就像是存款一样，投入的多，回报的才多，相反，一味地索取透支，从来不去存储，不去付出，投入与支出一定会失衡。所以，一个有着良好工作习惯的人，也是一个被人赏识的人，更是一个容易被老板提升的人。

8. 乘车

每个人都会面临上下班交通工具的选择问题，有的人喜欢乘私家车工作，有的人喜欢打车上下班，有的人喜欢乘地铁，有的人则坐公交。不同的方式会为你节省不同的时间，特别是在拥挤的高峰时间，乘坐地铁要胜过其他方式。选择乘地铁是个明智的选择，因为这不仅节省了时间，而且也避免了乘车的劳累。时间短，见效快。

9. 旅行

中国人有个很大的特点，就是跟风。都说"黄金周"旅游

比较好，大家就都去游玩儿。都说节假日期间商场打折，大家都蜂拥而至。或许商家就抓住了大家习惯跟风的这一心理，所以会频繁地通过促销、降价来吸引顾客。实际上，都是"羊毛出在羊身上"。所以，请大家避免在这一时期旅行，因为这时的旅行费用是一年中最高的时期。不妨给自己设定一个长期的旅行方案，提前一个月订机票和住宿的地方，这时会有很多的选择，还会有可观的折扣，何乐而不为呢？

10. 社交

不可避免地，你会参加一些重要的聚会。这时，会为了购买一件名牌礼服或者相应的珠宝大伤脑筋，不妨去关注一些二手商店。

11. 友情

与朋友保持良好的关系是必要的，抽出时间定期地与他们聚会，往往会给你带来一些意外的惊喜。

12. 娱乐

对于女人来说，如何来打发业余的时间，也是一门值得探讨的学问。也许有人会选择去影院观看电影，然而，我要说的是，最好的办法是隔一段时间可以去影院感受一下身临其境的感觉，其他时段不如买一张碟，自己在家里观看，省了许多

钱，也有了别样的情调和感受。如果想去泡吧、K歌，不如邀上一些朋友一同去玩儿。对于消费来说，不是一个高得那么离谱，对于气氛来说，也不至于孤单。

13. 饮食

对于那些不在家开火的女性朋友来说，适当地学会在家里就餐。首先，去外面就餐消费很高；其次，并不是每一次都很合口味，而且卫生方面也不过关；再次，少了一些乐趣，自己下厨会有别样的风味，也能体会自己动手丰衣足食的成就感。此外，在购买食物和日常用品时，不提倡零买，而是"整存整取"，因为一起采购要比零买便宜很多。有时，照着菜谱做一些自己感兴趣的菜，会为生活增添很多色彩。

14. 通信

如果业务比较繁忙，月消费在千元之上，不妨去选择一些网络的套餐，这会节约起码一半的钱。而且这种业务会不断地推陈出新，可以时常地关注一下新的办法。一般情况下，网络运营商推出的政策会日益优惠，不要嫌麻烦，可以随时加入新套餐。也不要以为那些短信很省钱，有时，一个电话就能说得明明白白，何必还要浪费发短信的时间？

15. 数码

对于自己需要的商品，无论它的价钱有多么昂贵，也不要吝惜。然而，对于自己并不需要，甚至是可有可无的那些产品来说，就不应该陷入盲目购买的误区。特别是当有一款新的数码产品上市时，你那颗蠢蠢欲动的心又要上前时，不妨冷静地思考一下，自己有没有必要将手中的产品淘汰。如果已经有数码相机，就不必再买一个"像素高"的手机，因为它的功能对于使用来说，都只是徒劳，也没有起到锦上添花的作用。

16. "面子"

女为悦己者容。爱美之心，人皆有之，尤其作为女人，更是如此。在关注服饰的同时，也会花费金钱和精力在自己的面子装扮上。有时，你可能没能力消费一件Dior的衣服，但买一支Dior的口红可以毫不费力。在这里，请注意，并不是越有名气的产品就越好，也不是越贵的产品就越好，而是只有适合你的才是最好的。根据自己的皮肤特质，选择一些适合皮肤的产品，会有利于皮肤的保养。

17. 子女

由成长历程来看，父母对于子女的投资是无期的、无限量的，不求任何回报的一个极其漫长不可预知的投资。每一个婴

儿的诞生，都意味着父母花钱计划侧重点的改变。不妨为宝宝买一些实用的保险，例如健康、教育、意外伤害之类的保险。教育保险里面含有奖学金，对于未来孩子的教育投资，都是无法估算的数字，所以未雨绸缪地选择几种教育保险，孩子将来能够轻松地面对学业也是必要的。

18. 深造

回过头来仔细思考一下，你从小到大的人生经历之中，有过多少学习是徒劳的，又有多少关于学习上的花费是你无怨无悔的呢？对于小语种语言、高难度的编程、电脑CAD技术等等的学习，工作后的你根本都没有用到。事实证明，这些专业的知识不学为好，因为你所从事的行业用不上这些知识，时间长了，也会逐渐地遗忘。所以，对于自身学习的投资，应该有的放矢，应该有针对性地选择，而不是为了学习而学习，为了提高而提高。

19. 运动

近几年，从国外引进了一些时尚的运动方式，例如瑜伽、合气道、壁球等等。有许多人会花上近万元办一张会员卡，再数数真正去参加运动的次数寥寥无几。对于运动者来说，真是高付出，低回报。而对于组办者来说，却是低付出，高回报。在这

里，建议你不妨去办一张两千元左右的运动年卡。即使你中途退出也没有太大损失，而且，这里同时有最简单的有氧和无氧运动，同样满足需要，可供选择的课程也有很多。

20. 赡养父母

与抚养子女一样，赡养老人的支出也是无期的，是一笔大的支出，也是不可避免的支出。特别是独生子女比例的不断增加，夫妻二人所要负担的老人有四位，然而，现在的医疗开销却是不可设想的。要把这笔费用留出来，以备不时之需。

你的缺点

　　女人处世比较委婉，有她的魅力，也有她的优势。但女人也有弱点，只有很好地认识自己，才能很好地发展自己。俗话说："金无足金，人无完人。"一个人的优缺点总是并存的，我们不可能单一地去选择，只有正视它们，取长补短、发挥优势，才可能取得成功。过于在乎或者过于轻视自己的缺点，都是不好的，不是让人太过悲观就是使人太过自大，所以，一个人能够清楚自己的缺点在哪里是非常必要的。

　　通过测验找出自己的缺点：

　　（1）当你的男友身穿一件土气的衣服很开心骄傲地对你

说："我这件衣服不错吧！"这时你会怎样回答?

　　A. 直接表明你的看法：很土气，没有一点气质。

　　B. 只笑不语。

　　C. 回答说："好！"

　　D. 回答说："好是好，不过上次那一件更好看。"

　　（2）你们俩约会时，他显出一副无聊的样子，还一句话也不说，这时你会说：

　　A. "你回去吧！"

　　B. "你怎么啦？是心情不好吗？"

　　C. "不想去旅馆吗？"

　　D. "再坚持一会儿就好了。"

　　（3）当你看到有人在另外一个男人的背后上贴了一张写有"色狼！坏蛋"的纸条后，那个男人并没有注意到，这时你会：

　　A. 趁他不注意时帮他取下纸条。

　　B. 偷偷地告诉身边的人看他。

　　C. 当作没看到，保持沉默。

　　D. 告诉他："先生，请脱下衣服看看你衣服的背后。"

　　（4）和男友交往时，你的父亲劝你不要与他交往，让你与男友分手时，你会：

A. 感觉他是个好人，所以你希望父亲能够了解他。

B. 我早就想和他分手了。

C. 我自己会负责的，这件事你就不要管了。

D. 我知道了，我会认真考虑的。

（5）仔细想想，你身边的三位同性朋友之中，谁最有魅力、最受男性欢迎？

A. 不知道。

B. 我自己是最糟的一个。

C. 当然是我了。

D. 我们四人中，我能排第二。

（6）在你即将举行婚礼的前一天，以前的男友突然出现在你眼前，对你说："我想抱抱你！"你会：

A. 有点晕乎。

B. 答应他。

C. 打他一耳光，并且严厉地批评他。

D. 拒绝他。

评分标准：

六个答案中，数目最少的那个字母就是你的类型。如果有两组以上数目相同，就是E类型。

结果分析：

A型："同情心"似乎缺少了一些。做任何事，你最先考虑的是自己。从不会从对方立场考虑问题，别人有难你不会主动伸出援助之手。你心中认为，我自己的事情最重要，哪有心思去管别人。

B型："开朗心"似乎缺少了一些。做任何事，你给人的感觉过于阴沉、过于严肃，会有人说你无情。你很喜欢思考，对生活很认真。由于过于严肃与阴沉，以至于当你遇到困难时，也不会有人帮你，这一点应该注意。

C型："决心"似乎缺少了一些。做任何事，你很难下决断，有很强的乐天倾向。你是个好交际的人，有着很强的亲和力，能与人融洽相处。如果做事情能够加上一点儿决心的话，你会更好。

D型："慎心"似乎缺少了一些。做任何事，都很冲动，同时，你性情不定。如果听到商场有什么促销打折活动，你一定会首当其冲；别人有求于你时，你会一口答应下来。如果你自己做不到的事情，就不要先答应别人，这是很重要的。

E型："行动心"似乎缺少了一些。只思考不行动是你一贯的作风，在你的脑子里常会左思右想，而结果大都是什么也

没有做。在行动中，你很在意别人的想法，同时，过多地考虑事情的结果，以至于使你缺少了行动的勇气。不要太过于理想主义，做事情也不要畏首畏尾，对自己应该自信多一些。

不要丢了友谊

一位诗人曾说："儿子们枝节横生，然而一个女人只延伸为另一个女人，最终我理解了你。通过你的女儿，我的母亲，她的姐妹以及通过我自己。"马克思说："人的生活离不开友谊，但要得到真正的友谊却是不容易的；友谊总需要用忠诚去播种，用热情去灌溉，用原则去培养，用谅解去护理。"纪伯伦说过："朋友能满足你的需要。朋友是你的土地，你怀着爱而播种、收获，就会从中得到粮食、柴草。"生活中没有友情，就像生活中没有阳光一样。在女人漫长的人生当中，不能缺少友情的滋润，哪怕到历尽铅华、子孙满堂时。

人与人之间的沟通，可以让人很快地成长。友谊是心灵的沟通、情感的交流，它是友人间无私的关怀，是热情的鼓励。两个有着共同理想、共同追求的人很容易产生友谊，她们精诚合作，彼此支持，共同迎战人生中的各种困难。当一方处在黯然神伤的日子里，会有友人那熟悉的旋律缭绕于耳边，给你自信。当一方遇到感情危机时，向挚友的一席倾诉可以使你得到疏导。友人会为你分担忧愁与烦恼，与你分享快乐与喜悦。当你思绪纷乱错杂、一筹莫展时，友人与你的促膝长谈会使你摆脱杂乱无章的思绪，"一语惊醒梦中人"。

女人是天生的群居动物，她怕孤独，所以，无论是吃饭、逛街、游玩儿，都要有人陪同。从朋友身边离去时，会感到朋友带有智慧的意见大有帮助。拥有一个至密的友人，是一种幸福。你的每一个心理波动，她都体贴与理解。任何一个微小的细节，包括一个温暖的眼神、一个会心的微笑，她都能深深读懂，并用心体会，她是人生中必不可少的一部分。

时代在进步，社会在发展，随之而来的是一些结婚生子的女人们更加重视婚姻以外的种种社会关系。她们注重人生价值，当家庭、工作、孩子多方面的因素几乎将女人淹没时，她会去寻找精神上的自我，这是内在的需求。可以说，真正的友

情是不依靠身份、经历、地位和处境的，它是独立人格之间的互相响应和确认。说白了，就是"无所求"。

怎样让这份友情持久"保鲜"，是一门学问。

1. 让友人感觉到你真正欣赏她

不要在意别人是否喜欢你，你要一心一意地对待友人，并真诚表达欣赏与喜欢，传达给她你的立场。

2. 不吝惜赞美

毫不吝惜地赞扬她，并鼓励她上进。她获得进步与成功，你也会感觉到快乐。

3. 体贴朋友

你们彼此交往的过程中，难免会有冲突，会陷入尴尬境地，这时，不妨退一步，及时为她面子上增添些光彩，她会更加感激你的体贴与理解。

4. 求同存异

你们的经历、教育程度、成长环境都不尽相同，必然存在一定的差距，这种差距不应该成为友谊路上的"拦路虎"。意见不一致时，适当地辩解，但不要偏激，求大同，存小异。

善于倾听

　　深谙人情世故，方能机智做人。学会做人，是女人生活的艺术，也是求得安宁、获取成功的途径。一个深谙人情世故，懂得做人艺术的女人，不会为世俗所累，才能少走弯路，少碰壁，潇洒从容地走过一生。生活之中，不做是非之人，以少说多听为妙，要知道"祸从口出"。想做一个受人尊敬和欢迎的女人，首先必须要管住自己的嘴巴，其次要学会倾听。

　　"无人背后不说人，无人不被他人说。"只要在这个世界上生活，你就会听到来自于各方面的声音，有喜欢的，也有不喜欢的。而且，喜欢议论别人也是女人的天性，正所谓"三个

女人一台戏"。一个女人总爱搬弄是非，于人于己有百害而无一利。

李凡与王平是很要好的同事。李凡长得漂亮，对人热情又大方，受到单位同事的欢迎。每当公司组织聚会时，李凡总会被同事关注，成为谈论的焦点，而她身边的王平则心理不平衡，她认为自己总是被大家冷落。后来，她四处散布李凡与某同事在一起火热聊天，一定有不正当关系的谣言，甚至还把捕风捉影的事情通过信件的方式告诉了李凡的丈夫，给李凡的家庭与事业带来了双重负担，有着极坏的影响。后来，当李凡得知这一切是非出自和自己要好的同事王平之口时，气愤至极，把王平告上了法庭。最后，王平不仅赔偿了李凡精神损失费，她还被调离了原单位。

通过上例可见，一个喜欢传播流言的人最让人厌恶，一句口无遮拦的话语，对别人的家庭与事业带来了严重伤害。一个女人要想受人尊重、受人欢迎，就要管好自己的舌头。

智慧女人不做"长舌妇"。有一位女作家，非常善于倾听。一次，一位读者向她倾诉自己婚姻的不幸，并向她请教是否应该离婚。对她的家庭状况，作家并不了解，更不能武断地

下结论，传达给她错误的信息。于是，她反问这位读者："你看应该怎么办呢？"读者经过认真地考虑，然后把自己的想法说给作家听。不久，作家收到了读者的感谢信，又过了一年，作家又收到了读者的来信，信中说，她对自己的婚姻已十分满意。在这件事情之中，作家并没有给读者出了什么主意，她唯一做的事情就是倾听，倾听读者对丈夫、对婚姻的倾诉。可见，倾听不但是一门技巧，它更是一门艺术。

一个善于倾听的女人是稳重、大方、智慧、优雅的。她做事谨慎，不会在没有搞清楚状况时贸然行事，说出一些不着边际的话语。她会耐心地倾听丈夫对工作的牢骚，给丈夫产生被理解的感觉；她会听孩子对同学的抱怨，让他感觉自己在家里也是受重视的；她会听上司的批评、同事的建议，以使事业路途更宽广；她会听朋友的心声，听父母的叮咛……

那么，倾听有何秘诀呢？

1. 听内容、听思想

不要单单注意说话人的交谈技巧或姿势表情，要关注一些重点词语，这样才能提高听话水平。

2. 揣摩说话人的真实意图

反话正说、正话反说，当你在与人交往时，对于一些人的

明话暗说，要把握和理解他的真实意图。

3. 透过现象看本质

在社交活动中，听到的一些话是被浓缩后的。如老板对一个经常迟到的员工说："都几点了？"这并不是问话，而是带有责备语气的话语。

4. 倾听时，眼睛要凝视对方

也要不时地点点头，回以一定的话语，避免东张西望，搞一些小动作。

倾听是对他人最好的恭维。学会倾听，女人能将自己打造成为人生的智者，深邃的思想在无声中显出沉甸甸的分量。

运用“软实力”

　　一个老汉带着孙子赶着一头毛驴进城。为了让孙子不累，老人牵着驴子在前面走，孙子则坐在驴背上。走了不多远，就有人对他们指指点点，说这个孙子只顾自己舒服，竟然让爷爷牵驴，实在太不孝顺了。听了别人的议论，这爷孙二人认为别人说得很对，于是他们决定走路，谁也不骑驴。走了一段路后，又有人议论他们，说这两个人真愚蠢，竟然不懂得享受，自己走路，让驴轻松。当他们听到这话后，又觉得别人说得有道理，为避免别人再说闲话，祖孙二人一同骑上了驴。然而没过多久，又有人议论他们，说他们两个太没有良心了，驴那么

瘦两人还一同骑它，让它受苦。他们怕别人再说闲话，于是便抬着驴走。在经过一座桥时，那头驴胡乱挣扎，最后驴连同爷孙二人都掉进了河里。

如果他们不在意别人的议论，保持自己的个性，又怎么能闹出如此大的笑话呢？

诗人但丁有一句至理名言："走自己的路，让别人去说吧！"做自己，保持本真的个性。每个人来到这个世界上，都要走一条富有自己个性的道路，谁也不能代替你走路。所以，生活的苦辣酸甜要自己去品味，要学梅花的个性，在严寒中独树一帜，斗雪待春。

个性有强有弱，不要叱咤风云、响彻宇宙，只要在洁身自好中循着自己的轨迹前进，体味求真向善的执着就可。不要顶天立地，却要不断创造自己，要耐得住寂寞的困扰，不要随波逐流。不要把别人看得完美无瑕，把自己看得一无是处。去做真实的自己，不管好坏，只要好好经营，就可以把生命渲染得色彩斑斓，和谐有序。要保持个性！此外，也要适当地示弱，运用"软实力"。

什么是"软实力"呢？假如把女人的青春说成是硬实力，女人的仪态就是她的软实力。

　　仪态是女人多年努力沉淀的结果，是学不会的。可以说，这是一种人生阅历的沉淀。一个经历丰富的女人，会形成她自己独特的仪态。它就像一个磁场，十分吸引人。这种仪态，并不是一些刻意的外部修饰所能表达的。服装和化妆起的作用是美化它的"形"，而真正"神"化的则是一种钻进女人骨子里的东西，这种东西存在于她的内心深处，表现为一种不以物喜、不以己悲的心境。当她目睹了别人的飞黄腾达，夫荣子贵，依然不会黯然神伤、百感交集，而会为别人感到高兴。

　　一个从容的女人，一个懂得生活的女人，又怎能不让男人尊敬呢？

　　懂得"软实力"理论的女人，是一个聪明智慧而又幸运的女人，她很容易获得幸福，往往她们离幸福都很近。每个人只有短暂的青春时光，上苍只给了她们易逝的青春年华，女人如果过分地看重自己的硬实力，沉迷其中，死死抓住不肯松手，到头来，她一定会觉得自己活得太累。这样的女人也会受到上天的嘲笑。对女人来说，人生一世，拼的并不是"硬实力"，而是"软实力"啊！

　　诚然，美丽对于女人来说，并不持久，即使费尽心思想留住它也是枉然。可是，要做一个仪态优美、得体大方的女人，

一个宠辱不惊的女人，一个有着超强"软实力"的女人，不会很困难，而且每个女人都有可能做到。要知道，仪态美好的女人一样迷人。

优雅谈吐

卡耐基说："与人交往的时候，要'慷慨地赞美'对方，要'尽量地赞美'他人。"

无论男人还是女人，无论富人还是穷人，都喜欢听合其心意的赞美。有时，即使明知别人讲的是赞美话，心里也会情不自禁地感到欢愉，并会对说话者产生亲切感，这时说者与听者之间的心理距离就会因赞美而缩短、靠近，自然就为接下来的顺利交往创造了必要的前提条件。可见，营造优美谈吐的第一步就是要学会赞美他人。女人怎样恰到好处地学会赞美他人呢？

1. 依据事实

当你见到一位其貌不扬的小姐时，如果对她："你真是美女"，对方立刻就会认定你所说的是虚伪之至的违心之言。可见，只有基于事实的赞美才能收到好的效果，才能使对方受到感染，产生共鸣。

2. 因人而异

人的素质有高低之分，年龄有长幼之别，因人而异、突出个性的赞美比一般化的赞美更能收到好的效果。

3. 大小并重

芸芸众生中，每个人只不过是沧海一粟，所以在生活中不能对某些小事熟视无睹，只要是好事，无论大小，都应该给予适当的赞美。这样不仅会给对方出乎意料的惊喜，而且可以让对方感到你是一个体贴入微的人。

4. 明暗并举

"明"，就是指当面的赞美；"暗"，就是指背后的赞美。在赞美别人时，虽然当面的赞美是必要的，但是背后的赞美则显得更为重要。

5. 翔实具体

在赞美别人时，用语愈翔实具体，说明你对对方愈了解，

对他的优点和成绩愈看重。这样，对方就会愈发感到你的真挚、亲切和可信，你们之间的距离就会越来越近。如果只是含糊其词、笼统空泛地赞美别人，是不会给人留下什么印象的，更是难以感动对方的，甚至还会有吹捧和阿谀之嫌。

林语堂说："幽默是由一个人旷达的心性中自然而然地流露出来的，其语言中丝毫没有酸腐偏激的意味。而油腔滑调和矫揉造作，虽能令人一笑，但那只是肤浅的滑稽笑话而已。只有那些巍巍荡荡、朴实自然、合乎人情、合乎人性、机智通达的语言，虽无意幽默，却幽默自现。"在生活中或社交场合，幽默都是营造优美谈吐的必备素质。而女人的幽默修炼是有技巧的。

女人幽默要注意场合，也要注意幽默的对象。因为找错了对象的幽默难免会造成谈话双方的难堪。一般来说，在亲人、熟人、同乡、同学之间，可以开开玩笑，说些幽默风趣的话。女人幽默还要掌握分寸。不要刻意借着幽默去挖苦和嘲讽别人，更不要拿别人的隐私当笑料。女人如果能够适时适地因人而异地运用幽默，不但会为自己的言谈锦上添花，而且也能创造出一个和谐融洽的人际环境，从而助你在交际中事半功倍。

展现迷人优雅的个性

　　歌德说："行为举止是一面镜子，人人在其中显示自己的形象。"得体而高雅的举止，可以使人显得有教养，给人以美的好印象。而能够给人留下深刻印象的则是鲜明迷人的个性特征。正如世界上没有完全相同的两片树叶，人也是如此。有的人性情温柔，有的人脾气火暴；有的人外向活泼，有的人内向沉稳；有的人热情直率，有的人虚伪狡诈；有的人勇敢坚强，有的人胆小脆弱。而正是这千差万别的个性让女人拥有了与众不同的韵味，正是个性让女人成为"万绿丛中一点红"。女人若没有个性，就如花瓶里的绢花没有生命；女人若没有个性，

就如同一杯白开水无滋无味。女人的优雅是可以修炼的。

在修炼优雅举止的同时，女人更要保持自己的个性。只有如此，才能拥有与众不同的韵味，成为一个让人一见难忘的人。而那些刻意模仿、临时突击则是难以从根本上改变个性的，弄不好"画虎不成反类犬"，落入东施效颦的境地。在这样一个竞争激烈的社会，女人怎样才能保持自己迷人的个性呢？

1. 装扮要适合自己

每一个女人都是一个独立存在的个体，生来就和别人不一样，你就是你，你不是别人，别人也不会是你。你应该始终保持自己的清醒和独立，时时刻刻都敢于表露自己与众不同的迷人个性。因此，你应该懂得根据自己的身材皮肤，以及适合出入的场合来装扮自己，而不要一味地追逐潮流或盲目地模仿他人，只有这样，才能突出你与众不同的个性，才能给人留下深刻的印象。

2. 对他人以诚相待

无论对何人，女人都应以诚相待、落落大方，不矫揉造作。即便是在陌生人面前，也不要拘束不安、躲躲闪闪，而要表现得从容不迫，才能让自己的个性得以真实地展现。

3. 做事有主见

女人要想突出自己的个性，就不能一味地随声附和别人，而应敢于表达你的观点或见解，勇于向传统、向别人提出不同的意见，而且在面对一切束缚和不喜欢的事时要敢于说"不"，做到不唯书、不唯洋、不唯上等等，做有主见的人。

4. 用知识丰富大脑

在信息发达、知识爆炸的时代，女人只有不断学习和思考，用知识丰富大脑，才能避免被淘汰的厄运，也只有不被淘汰，才能有展示自我、张扬个性的机会。

总之，宁愿不做外表雷同的美女，也要做个性不同的女人，才可以让他人见过不忘，也才可以永远随着心情绽放自己的风采，让自己的人生始终与自由、洒脱相伴！

第三章

心灵解压

放下包袱

　　"有生活，就有烦恼。"女人为什么会感觉到累？是因为她们的心累。来自于工作、家庭的压力让她们喘不过气来，究其原因，是因为女性的心理因素占很大的成分。事事追求完美的心态，对爱情、家庭、事业抱有太多的理想，当这些一遇到变幻莫测的社会现实，就会像空中楼阁、海市蜃楼一样虚无。因此，要学会调整自己的心态，厘清情绪，用适当的方法给心灵解压，这样，一切的烦恼都会被请出你的脑海。生活在你的眼中，也会有另一番崭新的面貌。给心灵解压，从现在开始：

1．不要对人对己要求过高

对丈夫要求不要太高，一方面希望他能够抽出多的时间陪你，给你精神抚慰；另一方面又希望他能为家庭提供生存保障。人无完人，不要让这种求全心理影响夫妻关系。同时，对自己要求也不要过高，整天考虑自己的工作，还有家庭的方方面面，如此，哪里还有时间去做其他事情，这也是导致身心疲惫的原因。

2．一次做一件事情，并且集中精力去做

工作和生活分开，工作时就认真工作，把其他的事情一概抛在脑后。同时，也要做到劳逸结合，在工作间隙可以抽出一刻钟放松一下，散散步和伸伸懒腰。享受生活时就彻底地放松，不再想工作中的事情。

3．担忧之心不可有，不要处处谨小慎微

在这里，提倡"我行我素"的作风，遇到什么事情都担心，前怕狼后怕虎，最后只会让自己陷入担心的汪洋大海之中，无法自救。不妨把这些担忧记在日记里，或与朋友一起谈一谈,就不会感觉孤独和无助。

4．身体是革命的本钱，忙碌之余不忘锻炼

锻炼是最好的减压方式之一，研究人员发现，锻炼后的人

压力水平下降了25%。如今的锻炼方式有许多，可以选择去健身房,或者在楼下小区慢跑散步或做一些伸展练习都行。

5．要有一两个闺中密友

有许多的女人并不喜欢交同性的朋友，其实在你不顺心的时候找个知心女友倾诉一番，你的压力与烦恼就会减少许多。

6．学会放下，懂得付出

脆弱的女人为情烦，虚荣的女人为利恼，情感与名利都是身外之物，有得必有失。对于浮华之事，不如放开胸怀，少去索取，多去付出，你的内心就不会焦躁烦闷。烦恼是心灵的垃圾，是成功的绊脚石，是快乐生活的病瘤。人的压力也源于烦恼，不要庸人自扰，将烦恼放下，就会收获快乐，能放下的女人是幸福的。

学会给心灵解压，是高情商的一大表现。尽量做到思想开朗，心胸开阔，谦虚处世，宽厚待人。这样，不仅有益于身心健康，也利于提高道德修养和思想水平，对人对己百利无害。正如诗人泰戈尔所说："世界上的事情最好是一笑了之，不必用眼泪去冲洗。"

操控自己的情绪

女人虽然是"情感的动物"，但她却不是情绪的奴隶，女人的心灵不应该被消极情绪所控制。当女人能够完美操控自己的情绪时，便是她拥有幸福之时。在这里，向女性朋友介绍几条操控情绪的法则：

1. 用八分心去追求完美

当你对自己的要求过高、对事事苛求完美时，一旦没有达到，你就会产生紧张、负面的态度或是觉得快要失去控制了，此时，请你马上停止。永无止境地追求完美，只会让你的焦虑情绪有增无减。所以，你要用八分心去追求完美。

2. 不过分地迎合他人

你要去见自己比较心仪的人，在前一天晚上你就失眠了，开始担心、焦虑、怕自己有失控的情绪，请你停止取悦他人吧！如果为了取悦、迎合他人而失去了自己的愉悦，是很不值得的。因为，以后与他在一起的时候，你感觉不开心的话，即使令你心仪，你还会长期过这种生活吗？把你最自然的一面展示给他，合则来，不合则分。

3. 被人看到你的脆弱又如何

连男人也有脆弱的时候，何况是女人。当有一些负面的情绪出现时，不必刻意去掩饰，假装坚强。对于太多的责任与压力，感觉自己并不能应付，你不要将这份痛苦默默地隐藏于心，你大可以放下一些责任，或者选择少做一些，这样做，并不能减损你个人的能力。

4. 心动不如快行动

当你决定去做某事时，就要立即采取行动。在行动的过程中，会遇到困难，这时，你要坚定信念，千万不要被这些困难吓倒，更不要向它妥协，如果轻易地就选择退缩，你的心里不会感觉很舒服，相反会很不愉快。所以，心动不如快行动，且行动的步伐要坚定。

5．以不同方式对付压力

当感觉自己的压力大无力应付时，不妨将手中的事情放下。去外面散散步，到郊外走走，到深山大川散心，极目绿野，回归自然，荡涤心中的烦恼，清理一下混乱的思绪，使疲惫的心灵得到净化，找回失去的理智与信心。

听听音乐，唱唱歌。一段悠扬的旋律，可以引发起你对过去的美好回忆，对未来的无限憧憬。

读一本书。徜徉于书的海洋中，将往日的忧愁悲伤统统扫去，让你的视野更加开阔。

看一部电影，购一件漂亮的衣服，不知不觉之中，就会让你的心不再是情绪的垃圾场，这时，你会发现，被情绪所左右，真是人生一大憾事。

拿破仑说："自制是一个人最难得的美德，成功的最大敌人是对自己情绪失去有效的控制。当愤怒时，无法遏制怒火，使周围的合作者畏惧不已，只好敬而远之；当消沉时，放任自己萎靡不振，让稍纵即逝的机会白白浪费。"

虽然你还是那个不完美的你，一些不愉快的事情也会发生，但你却不会再做悲伤、愤怒、嫉妒、怀恨的奴隶。

做操控自己情绪的主人，你便是个拥有幸福的女人！

女人的幸福观

女人，你幸福吗？是的，我很幸福。那么在女人的心中，什么是她们的幸福？

1. 女人心中的幸福

女人的幸福就在为人女、为人妻、为人母角色的转换过程中。

幸福的含义及体验可谓是众说纷纭、五彩缤纷且各人的体验也是不尽相同。

幸福是一种感觉。一个人只要拥有一颗善良、平和而宽容的心去看待周边的世界，就会发现幸福无处不在。而舍得成全他人又何尝不是一种幸福呢！

　　幸福和金钱没有关系，和爱人才有最大关系，它会直接让你觉得快乐或是不快。

　　幸福，是每逢长假时可以带着女儿去游览名山大川，呼吸山间新鲜的空气，是与老公手牵手在街上闲逛，是永远像小时候那样在父母身边尽情地撒娇。

　　幸福，是好心情的一面镜子。心情好，可以体会到天蓝、草绿、风轻，此时就觉得幸福；心情不好，蓝天绿草轻风又与我何干呢？所以，幸福的感觉并不是物质的，而是精神的！

　　幸福，是健康地活着，是快乐地活着，同时也能给别人带去快乐。它也是所有家庭成员的健康，家庭的安乐平和。当你拥有健康，就可以去做自己想要做的事情。

　　幸福，来自于平凡，是每天都感到实在并快乐地生活。是物质与精神上都能得到满足，在这个世界上，无论何时何地，即便是身处困境，你都觉得心中充满了希望。

　　幸福，是不论钱多钱少，两个人相亲相爱，互相体贴、关心并有共同的目标。

　　幸福，是每天一睁开眼睛，就能看到心爱人的笑脸；是努力工作时，上司那一抹欣赏的眼神；是回家依偎在父母身边看电视；是天天有时间做白日梦，和他一起规划美好的未来。其

实，获得它很简单！

2. 女人心中的不幸福

当老公有了外遇时，女人感觉不幸福。

当有一天发现丈夫骗了自己，即使他对自己再好，女人依旧不觉得幸福。

当女人自己感觉不受欢迎时，并且不能被他人理解时，感觉孤立无援时，女人感觉自己不幸福。

当感觉自己活得很累时，并且对经营婚姻感觉到渺茫无望时，女人感觉不幸福。

当工作上遇到不如意的事情时，女人感觉不幸福。

当在单位工作压力很大时，受到领导的批评时，当刚生完宝宝，且一边要自己来带孩子一边又要把工作做好，还有繁重的家务要做时，女人感觉自己不幸福。

去外地打工，没有当地户口，应该得到的年终奖金又被老板打了折。工作上一直十分努力、做得很好，但是却不被别人认可，只因为一次小小的失误。自己不想做第三者，更不想破坏别人的家庭，然而却恰恰爱上一个已婚的男人。节假日从来没有休息过。女人感觉不幸福。

当生病时，女人感觉不幸福。

　　为没钱买房而打拼发愁时，女人感觉不幸福。

　　不被老公疼爱，女人感觉不幸福。

　　事业与家庭的双重失败，女人感觉幸福对于自己而言是海市蜃楼，是可望而不可即的遥远。

情绪的重要性

情绪是一种情感，是对需要是否得到满足而产生的态度体验。人的情绪种类很多，有积极的也有消极的。在这里，着重介绍几点消极的情绪，因为在现实生活之中，许多女性普遍存在着一些负面的情绪。而要克服这些消极情绪，首先要能发现它，然后再研究分析它，最后再将其各个攻破。

1. 嫉妒

如果一个人的心中产生了嫉妒情绪，他的心中就充满了恶意、中伤，他的心地也从此变得阴暗。试想，一个人的心中被仇恨、怨恨所填满，还有什么时间去做其他事情。每天，他只

会说一些风凉话或对他人的成功进行诋毁，这种人不能选择光明磊落地做事情，只会把时间和精力浪费在一些没有意义的事情上。其实，他们这样做，最直接的受害者不是他人，而是自己。因为他们距离成功越来越遥远。

对于心里偶有妒嫉的人，不妨把时间精力放在人生的积极进取上。首先，给自己设定一个明确的目标；其次，全身心地投入其中；再次，把对别人的嫉妒转化为对他人的欣赏，并且向他学习，以弥补自身的不足；最后，坚定自己的信念，做到持之以恒。

2．恐惧

人产生恐惧的心理，是由于不自信、自卑心理占主导地位。恐惧的行为表现为退缩、躲避与逃跑。有过失败的经历或者遇到过可怕的事情很可能会使人对一切事物都产生恐惧的心理。这种心理直接影响到生活，让人对一切事物都心存焦虑，这种情绪比恐惧还要糟糕。一个人如果长期被这种情绪左右，很容易患上恐惧症。

如果你的情绪已经开始让你困惑，甚至产生失控感，那么请你辨识、了解并且疏导这种情绪将会对你有所帮助。你可以将情绪转移，想想过去一些愉快的记忆，那些曾经令你高兴和

自豪的事，那些获得成功时才有的愉快、满足的体验。

3．愤怒

愤怒可以使人失去理智。一个容易愤怒的人，一定不是优秀成功的人。因为一个成功的人，是凭借自己的信心、坚强的信念、顽强的毅力、谦虚谨慎的作风来完成的，而不是靠一时之勇，凭血气方刚，冲动做事来完成的。

当你要展现血气方刚时，不如将意识或话题转移，把注意力放到其他事情上，这样可以有效地缓解冲动的情绪。可以通过听音乐、看电影、下棋等轻松的活动，让紧张的情绪得到松弛。

4．抑郁

它是一个人成功路上的拦路虎，这是一道无形的网，会把一个人的思想与行动都牢牢套住。

首先，做事前，把最坏的结果考虑到；其次，直面它，用多种方法认真地去做事；最后，告诉自己说："不管明天会怎么糟，我已经过了今天。"

你了解自己的情绪吗

　　情绪的稳定，是心理成熟的重要标志。一个人在多大程度上受理智的控制，又在多大程度上受本能情绪的控制？如果现在你已经能够积极地调节和控制自己的情绪，那么将有助于你以平稳的心态去从容面对人生的挑战。你的情绪是稳定的吗？如果你希望知道结果，请完成下面的题目：

　　1. 我有足够的能力去克服各种困难。

　　A. 是的

　　B. 不一定

　　C. 不是的

2.　当我看到猛兽时，即使它是被关在铁笼里的，我依然会提心吊胆，感到惴惴不安。

A. 是的

B. 不一定

C. 不是的

3.　假如我去了一个新的环境之中，我一定要把生活安排得和从前不一样。

A. 是的

B. 不确定

C. 和从前相仿

4.　在我的生活中，我一直觉得我能达到所预期的目标。

A. 是的

B. 不一定

C. 不是的

5.　上小学时我所敬佩的老师，至今他们仍然令我很敬佩。

A. 是的

B. 不一定

C. 不是的

6.　令我不明白的是，不知是什么原因，一些人总是回避

我或冷淡我 。

    A. 是的

    B. 不一定

    C. 不是的

7.　虽然我善意待人，但是却常常得不到好报。

    A. 是的

    B. 不一定

    C. 不是的

8.　当我走在大街上，会常常避开我所不愿意打招呼的人 。

    A. 极少如此

    B. 偶尔如此

    C. 从不如此

9.　当我聚精会神地欣赏音乐时，假如有人在一旁高谈阔论，这时我会感到恼怒。

    A. 我仍能专心听音乐

    B. 介于 A、C之间

    C. 不能专心并感到恼怒

10.　无论我去什么地方，都能十分清楚地辨别方向。

    A. 是的

B．不一定

C．不是的

11．我非常热爱我所学的知识。

A．是的

B．不一定

C．不是的

12．我的睡眠常常被一些生动的梦境所干扰。

A．经常如此

B．偶尔如此

C．从不如此

13．一般我的情绪是不会因季节气候的变化而受到影响。

A．是的

B．介于A、C之间

C．不是的

计分表：

1．A.2 B.1 C.0   8．A.2 B.1 C.0

2．A.0 B.1 C.2   9．A.2 B.1 C.0

3．A.0 B.1 C.2   10．A.2 B.1 C.0

4．A.2 B.1 C.0   11．A.2 B.1 C.0

5．A.2 B.1 C.1　　12．A.0 B.1 C.2

6．A.0 B.1 C.2　　13．A.2 B.1 C.0

7．A.0 B.1 C.2

结论

★17～26分：情绪稳定

你的情绪稳定，性格成熟，能面对现实；通常能以沉着的态度应付现实中出现的各种问题；行动充满魅力，有勇气，有维护团结的精神。

★13～16分：情绪基本稳定

你的情绪有变化，但不大，能沉着应付现实中出现的一般性问题。然而在大事面前有时会急躁不安，受环境影响。

★0～12分：情绪激动

你情绪较易激动，容易产生烦恼，不容易应付生活中遇到的各种阻挠和挫折；容易受环境支配而心神动摇，不能面对现实，常常急躁不安，身心疲乏，甚至失眠等。要注意控制和调节自己的心境，使自己的情绪保持稳定。

女人要有好心态

一位哲人说："心态是你真正的主人。"

有一位老妇人，她有两个儿子，老大是卖伞的，老二是染布的。当天空下雨时她就为老二难过，当天空晴朗时她就为老大难过。一位智者对她说："当天空下雨时，你就为老大开心；当天空晴朗时，你就为老二开心。"从此，老妇人每天都很开心。转变了心态，就会获得快乐与幸福。因为心态体现为一种意识和潜意识，它具有操纵人类命运的巨大能力，这种能力也毫不例外地在每一个女人身上体现。

一位职业女性，因为自己的鼻子有一些缺陷，所以一直没

有勇气对自己心仪的男士表白。她的内心为此充满了痛苦与焦虑，无法真正表达自己的感觉是一件很痛苦的事情，最后，下定决心去做整容手术。手术进行得很成功，她往日的缺陷消失了，脸上光彩亮丽，一扫过去灰暗的形象。这使得她受到许多男士的瞩目，她鼓足勇气去向心仪的男子表白。

婚后，她告诉丈夫她曾去做过整容手术，然而令人感到惊讶的是，她的丈夫根本就不在意她做过手术，而且就没把这当作一回事。她继续追问："那你为什么在我动手术之后才来和我交往呢？"丈夫给她的答案是："因为我感觉你变得比以前开朗了，而且很容易让人亲近，非常惹人喜欢。"

在这个故事之中，女主角一直认为是自己鼻子长得不好，所以才交不到男友，可是事实并非如此，别人根本就没有注意到她鼻子的缺陷。所以，人的心态至关重要。你自以为是问题的地方，对别人而言可能根本就不是问题。与其为一些无谓的心理障碍伤脑筋，不如积极地去表现自己，展现自己健康开朗的一面，这才是明智的做法。

一位悲剧大师曾说："人活着就是痛苦的。"现实生活之中，也有不少人有着这样的观点。她们用悲观的心去思考问

题，用沮丧的眼睛去看待世界，更有甚者把生活看成是痛苦的炼狱。当一个人想着幸福时，她很可能就会获得幸福；当她想着不幸时，她很可能就会不幸。同样，当一个人期望的多，她获得的也多；当她期望的少，她获得的也少。一个能够自我调节心态的人会创造幸福，一个不自觉地让自己产生不幸的人会招至不幸。其实，一个幸福的女人，她从不把自己与悲剧联系在一起，她会用心地去品味生活中的点点滴滴，苦辣酸甜。她坚信，只要快乐地活着，把握阳光般的好心态，就能够拥有幸福的生活，也能够活出人生的精彩。

第四章

女人要有气度

做一个知足的女人

从前，有一个厨子，他一边工作一边在唱歌，脸上洋溢着幸福和快乐。

一位富商问他为什么如此快乐。他答道："虽然我只是个厨子，但是我一直尽我所能让妻小快乐，我们不需要很多。有屋住，有饭吃，有妻儿做我的精神支柱，这让我很满足。"

一天，厨子在回家的路上捡到了一个布包，打开一看，里面有许多金币，他欣喜若狂地跑回家。到家后，他数了一遍又一遍，有99枚。这时，他有些纳闷：应该是一百呀！那一枚金币哪里去了？他开始四处寻找，直到找得筋疲力尽。

第二天，他加倍努力工作，想尽早挣回一枚金币，以使他的财富达到100枚金币。

由于晚上找金币，白天又要工作，他感觉很累，以至于脾气变得急躁，情绪坏到了极点，还时常对家人大吼大叫。

他不再像往日那样兴高采烈，工作时不哼小曲了，一味地埋头干活儿。令富商不解的是，本想给他金币会让他更加快乐，没想到他反不如从前快乐了。这是什么原因呢？

后来一位智者解答了他的疑惑："尽管他拥有很多，但是却从来不会满足，他努力拼命地工作，为了额外的那个"1"，尽快实现'100'。"

原来有许多值得高兴和满足的事情，因为要凑足100，一切都被打破了，他竭力去追求那个并无实质意义的'1'，不惜付出失去快乐的代价。

通过这个故事，大家一定领悟到了何为知足。知足的最大敌人就是贪心。凡间俗人，必有七情六欲，人类不消亡，欲望无止境。知足常乐说来简单做却难。在这个物欲横流、追名逐利的社会，又有几人能看透红尘、悟得天经？

生活中，总有一些爱苦恼的女人，看到别人比自己漂亮、

有帅气的老公、住好房子、开名车就开始长吁短叹，整日苦着一张脸，闷闷不乐。这类人的可悲之处就在于她永不知足。她没有看到自己所拥有的健康的身体、和睦的家庭、安定的工作、知心的朋友，等等。人，不应该去强求那些不属于自己的东西，有时得不到也是一种缺憾美。生活带给我们许多欢笑和快乐，应该感激生活。

"事能知足心常泰，人到无求品自高"，的确，知足就如每个人心里都有一亩田，不用思索去耕耘，不用信念去灌溉，你的心里便是飞土如烟的沙漠。知者，智也。对任何事情，持一个通达、明智的态度，凡事以大局为重，以宽阔的胸襟接纳，对个人的名利与得失泰然处之，便真正拥有了一颗知足的心，进入了"淡泊明志，宁静致远"的空灵世界。

做一个知足的女人需要勇气，需要耐性，更需要智慧。每一个懂得知足的女人，都可以把平淡的生活过得丰富多彩，都可以找到隐藏在细节中的美好与快乐。

不要追求完美

世界上没有绝对完美的事物，也没有一个绝对完美的女人，所谓的完美不过是一些虚幻的想象而已。因此，女人在面对自身的不足时要泰然处之，多一分满足，多一分自信，才不会被完美主义的心态所左右。

有些女人总是不停地苛责自己，原因就是她们始终怀有完美主义的心态，在潜意识里一直不懈地追求着完美。对自己的言谈举止要求时刻保持高雅而优美，遇到发言时就拼命克制自己的紧张，她们要求自己要把工作做到最好，可事实经常是累得疲惫不堪，工作却未必如想象的那般好……

　　对于女人怀有完美主义的心态，追求尽善尽美这类的事情是无可厚非的事，但是这种对完美的追求也是一个沉重的包袱，在现代社会的多方面压力下，它让完美主义者看到自己对现实的无能为力，从而变得急躁、自卑甚至急功近利。

　　有句谚语说得好："世上没有不生杂草的花园。"阿拉伯人说得风趣："月亮的脸上也是有雀斑的。"说到底，金无足赤，人无完人。比如，就人的外表美来说，究竟高大是美还是纤巧为美？大眼睛美还是丹凤眼美？嘴大美还是嘴小美？丰满美还是苗条美？这很难说得清楚。

　　因此，女人一定要放下心头完美的负担，尤其是在面对自身的不足时要泰然处之，多一分满足，多一分自信，才不会被完美主义的心态所累。

　1. 承认自己的不完美

　　对自己严格要求，追求尽善尽美也是理所当然的，但是人生绝不可能真正完美，一帆风顺，遇到挫折和处于低谷时，切不可自暴自弃，而应该学会换个角度看问题，正因为生活中有让你感到沮丧、绝望的问题，你才会付出更多努力，才更懂得珍惜所得到的。如果真的能够万事如意，心想事成，那你的生活还有什么激情，你还会幸福吗？

2. 不要过分苛求自己

有些人把自己的人生目标定得太高，根本实现不了，于是终日抑郁寡欢，这实际上是自寻烦恼；有些人对自己所做的事情要求十全十美，有时近乎苛刻，往往因为小小的瑕疵而自责，结果受害者还是自己。

为了避免挫折感，应该给自己定一个"跳一跳，能够着"的目标，不要太在意别人对自己的评价，懂得欣赏自己已取得的成就，心情就会自然舒畅。

3. 对旁人期望不要过高

完美主义心态不仅使完美主义者本人觉得痛苦，更糟糕的是这种心态也会影响周围的人，例如一位具有完美主义心态的主管，可能会对下属也有同样的高标准与期待，搞得办公室里紧张兮兮；或是有完美主义心态的父母对于孩子有超乎常人的标准与要求，使孩子有了自卑心理，自闭倾向；抑或具有完美主义心态的妻子，要求丈夫尽善尽美，既要能力超群，能适应公司CEO到管道修理工的所有工作，又温柔体贴，照顾自己每时每刻的情绪变化，这样的丈夫常常觉得无所适从，怎样也不能令对方满意，这就埋下双方矛盾的根源。

上司期望下属积极上进，妻子盼望丈夫飞黄腾达，父母希望儿女成龙成凤，这似乎是人之常情。然而，当对方不能满足自己的期望时便大失所望。其实，每个人都有自己的道路，何必要求别人迎合自己。

4. 不要处处争第一

在生活待遇和享乐上，千万别去争第一，否则会很痛苦和很不幸。俗话说："人比人气死人。"再者，每个人的能力也是有大有小的。时时处处争第一的思想和行为是可怕的，也是十分愚蠢的，在某种程度上可能是一种自欺欺人的把戏。这样的思想多了，人就十分疲劳了，烦恼就会没完没了，快乐和幸福肯定离自己很远，那么你何时才能有好心情呢？

尽心就是完美。因此，一定要正确处理好努力与争第一的辩证关系，及时缓解争第一的心理压力，自己只要尽心努力就够了，不一定非要时时去争第一。

5. 不要让自己的完美主义倾向变成负担

每个人或多或少都有一些完美主义倾向，其实并不需要太过担心。应该看到完美主义者具有众多的优点，比如严格自律、意志坚定、仔细周到、组织性强，这些优点只要发挥得当，不要只重细节而忘了主要目标，完美主义者绝对是一个训练有素的出色的员工，应有足够的信心去面对工作上的压力。

快乐使女人美丽

女人是月亮，明亮浪漫，抵挡烈日炎炎。女人是花，芳香四溢，装扮秀美山河。女人是水，清澈透明，滋润世间万物。既然女人是如此重要，为何不让自己做个快乐的女人呢？

也许有人会说，面对家庭变故、婚姻挫败、事业不顺、经济困窘、繁重的家务等诸多问题，怎么能快乐得起来呢？这时，请你告诉自己："谁也别想把黑暗放在我面前，因为太阳就生长在我心底。"快乐女人幸福的真谛就在于此。功成名就的人也未必就有快乐。

一位成功女士感慨地说："很久以前，我渴望成为一个完美的女人，漂亮、能干、坚强。我曾经把事业放在第一位，一味

地工作，并因此失去了爱情、友情和陪家人的时间，失去了很多生活的乐趣。渐渐地，才发现我的生活中总是缺少了一样东西，那就是快乐。真正能打动人心的还是做个快乐的女人。"

生活之中，太多的女人把自己一生的幸福寄托于外界的人事上，比如金钱、由金钱带来的显赫地位和富足的生活，还有男人、朋友、父母、子女，等等，一旦失去了这些，对她来说简直是晴天霹雳，幸福和快乐的根基也就随之毁坏。将自己的生活重心放在人与事上，永远不会获得快乐。所以，一个女人想要拥有快乐，首先要改变自己的内心。快乐的女人，尽管她们的钱不多，但有的是闲暇，即使她们没有闲暇，也会用心智来创造愉悦和激情。

快乐和痛苦是一对孪生姐妹，当我们经历痛苦的时候，能够苦中作乐，是快乐的最高境界。它是一种做人的乐观态度，尽管生活使你伤痕累累，世界给你椎心之痛，但是因为你快乐，所以你不会百感交集，不会埋怨和悲伤，你深刻地明白：对幸福的追求本身就隐含着对痛苦的超越。

无论生活给我们美好或是痛苦，我们都要保持一个快乐的心情，做个快乐的女人最好，只要我们快乐，就能永葆青春与健康。

知足才能常乐

　　贪婪是最真实的贫穷，满足是最真实的财富。平平淡淡才是真，是知足的一种境界。知足常乐，是人性的本真。知足常乐，并不是每天躺在床上睡大觉，也不是不思进取，盲目乐观，它是一种看待事物发展的心情，不是安于现状的骄傲自满的追求态度，正所谓先知然后才能乐。

　　并不是所有女人都能够做到知足。她们总是在奢求，甚至不惜用人格去换取浮华的东西；她们看不到自己所拥有的东西，总是在意别人所拥有的，还拿来与自己进行比较；她们总是生活在无穷无尽的烦恼之中，一味地伤感，对任何事情都大惊小怪、耿耿于怀；她们从来不会脚踏实地努力生活，只会空谈完美，整日沉湎于

自我厌弃和对别人的评头论足中；她们牢骚满腹，整日愁眉苦脸，令身边所有人生厌。

用自己的人格去换取浮华，最终也无法弥补心灵的空洞。看别人拥有，无法解脱压抑的心情。生活在烦恼中，无法调整好心态。不务实生活，无法享受生活的快乐。抱怨生活，无法把握人生的真谛。

人无完人。生活在这个五光十色的物质世界里，我们的眼睛被太多的东西所迷惑、所蒙蔽。贪婪的欲望是无止境的，它犹如滚雪球，一个连着一个，永远也不能满足。生活中太多的物欲与虚荣让生命之舟超载，要想让生命之舟远航，唯有选择轻载。不做唯利是图、贪得无厌的人，不过分把成败、得失、荣辱看重。

人生之中，并不是所有的奋斗都有结果，也并不是所有的结果都像期待中的那样美好，相反，在每一个奋斗的阶段都会有烦恼。所以，聪明的做法是珍惜每一个奋斗的过程，把握眼前拥有的一切，满足于生活的现状。

首先，调整好心态。从纷纭世事中解放出来，给自己一个独立的空间，挖掘生命之中的快乐因素，淡泊名利，超越尘世的俗欲，让心灵变得宁静。心平气和地对待人生得失，做到宠

辱不惊。

其次，对人对事，从容淡定。用一颗真诚、平静、和谐的心去面对，这样生活会多一分达观。"达则兼济天下，穷则独善其身""布衣桑饭，可乐终身""采菊东篱下，悠然见南山"，古人给我们树立了最佳典范。

最后，让自己循序渐进地成长。人生处处充满了机遇与挑战，取得成绩时不过分狂喜，遭遇挫折时不怨天尤人，对生活执着前行，在追求的同时也要学会适时地放弃。在喧嚣与繁华中，学会将压抑与深沉过滤，沉淀下心旷神怡的心境，好让自己步伐轻盈、精力充沛地前行。

平凡也是幸福的。人人都能知足常乐，世间便少一点儿纷争，多一点儿平和。

知足常乐，让生命之舟在人生海洋里扬帆远航。

快乐的女人收获多

快乐是什么？心理学的解释是人们的思想处于愉悦时刻的一种心理状态。快乐是没有条件的，它是幸福海洋里激起的美丽浪花，是人生乐曲中振奋人心的音符，更是一种积极向上的人生态度，是一个人内心真实的反映，是自动自发的。正如罗曼·罗兰所说："所谓内心的快乐，是一个人过着健全的、正常的、和谐的生活所感到的快乐。"

有位记者问一位成功男士："你最欣赏哪种女人？"记者心里想好各种答案，然而令她出乎意料的是，男士冷静而果断地回答："快乐的女人最可爱。"

那么，女人的快乐从何而来呢？拥有一个温馨幸福的家使女人感到快乐，拥有一份富有挑战性的工作使女人感到快乐，拥有温暖的友谊使女人感到快乐，能做自己喜欢做的事情使女人感到快乐，随着年龄、阅历的递增感悟到生活的真谛使女人感到快乐。可见，女人的快乐很简单。

拥有快乐的女人，也许她不是最出色的，但却是懂得生活真义的人。也许她不是漂亮的女人，但却是健康可爱的，更是幸福的。假如一个漂亮出色的女人不快乐，那么她的漂亮与才干又有什么意义呢？快乐的女人拥有一颗快乐的心。

快乐女人有着一颗平和的心。她们从不对生活不满，更不会在追求一些东西的过程之中而抛弃了快乐。

快乐女人的脸部呈现出来的表情是放松愉快的。她们的生活很有情趣，尽管平凡但却充满了甜蜜的味道。

快乐女人有着一颗爱人的心。与她接触的人不会感觉到沉重，相反，犹如春风拂面，给人带去一份轻松与惬意。

快乐女人，有着一种无形的力量，吸引着你走近她。她们热爱生活，知道如何能让生命更有意义地度过。

快乐女人有自己的理想。她们既不依靠别人，也不自怨自艾。她们会按照自己的既定目标一如既往地前行。

快乐女人很容易满足。她们心怀感激，为自己已拥有的一切感谢上苍。她们不盲目攀比，更不让自己变得愚蠢。她们也会与别人比较，但内容却是如何更快乐更充实。

　　快乐女人活在今天。她们只为今天做一些行之有效的事情，她们参加运动，爱惜自己的身体。她们要求上进，加强自身的修养，不断学习。她们珍惜时间，不把时间浪费在异想天开上。

　　快乐女人懂得自如切换自己的角色。即使自己在外面是个强硬的人，到家后她依然是那个小鸟依人、楚楚动人的小女人。

　　快乐女人能够放得下，十分大气。痛苦过后只是一笑置之，争吵过后能主动与对方握手言和，嫉妒过后会虚心向别人学习。

　　快乐女人坚强有责任感。她们有自己的人生信条，不会随波逐流，更不易被各种诱惑所吸引，遇到困难她们迎难而上，直至到达胜利的彼岸。

　　从现在开始，做一个快乐女人吧！

把快乐当成一种习惯

岁月如流水，带走了女人的青春美貌，带来了她们的风烛残年，使她们丰韵不再。尽管岁月无情，让我们失去了很多东西，然而它也会有力不从心的时候，因为它根本就带不走你的快乐、你的自由、你内心的宁静，也带不走你体验的幸福。

我们对小事的烦恼、牢骚、不满、抱怨、不安的反应，在很大程度上纯粹出于习惯。只有养成快乐的习惯，你才会变成主人而不再是奴隶。快乐的习惯可以使一个人在很大程度上不受外在条件的支配。如何把快乐当成一种习惯，其方法如下：

1. 树立正确的生活信念

正确的生活信念就是积极的心态。不要指望用金钱买到快乐，只要对自己的收入满意就行，不怨天尤人。正如一位哲人所说："我们所谓的灾难很大程度上完全归结于人们对现实采取的态度，受害者的内在态度只要从恐惧转为奋斗，坏事就往往会变成令人鼓舞的好事。当灾难事临时，如果我们面对灾难，乐观地忍受它，它的毒刺也往往会脱落，变成一株美丽的花。"

2. 勤奋工作

工作的女人，能感到自己被人需要、被人尊重，那些事业有成的女人在心理上是充实的。不过，不要将自己变成工作的机器，要懂得在工作之中享受乐趣。同时，也不要忘记除工作外，你还有爱人、朋友和家人，生活之中有许多值得珍视的东西。快乐的女人懂得分享，她们深知，快乐并不是因为拥有的多，而是因为计较的少。

3. 拥有朋友

人生路漫漫，有了友情的滋润，让女人的人生变得更加完整。没有友谊的人生是可悲可怜的。当你低落痛苦时，友人的一声安慰能驱散愁云；当你开心快乐时，有了友人一同分享，会让这份快乐增值，变得更加生动美好。

4. 拥有一颗平常心

快乐女人知道，生老病死是自然规律，因此她们不会为生命慨叹太多。当年岁增大，鱼尾纹渐渐爬上她们的脸庞，黑发一点点地变白，她们也不会担心，这是生命的过程，如果说年轻有朝气、有锐气的话，那么年老会更有味道，阅历也更加丰富了。

5. 让微笑成为最经典的表情

女人的微笑如和煦的春风，拂过所有人的心扉，让每一个看到她的人，都感受到如阳光般的温暖。这份快乐平淡而幸福，没有更多的辉煌与绚丽，然而恰恰是一个个简单的平凡的瞬间组成了超脱的幸福，也让你的心灵得到净化与升华。

拥有快乐，使你笑傲风霜雨雪，喜迎阴晴圆缺，生命是何等的精彩。

宽容

女人，可以没有惊艳的容貌，可以没有完美的身材，也可以没有优越的家境，但不能没有宽容的良好品质。性格开朗、潇洒大方、心胸开阔、温文尔雅的女人，会给人以阳光般的温暖。通情达理、内心沉稳给人以成熟大气之美。淡泊名利、宽宏大量，给人以祥和良善之美。

宽容，体现为博大而深邃的胸怀。它是一种气度，是对人对事的包容和接纳；它是一剂良药，是一种美德，是智者的选择；它是一种仁爱的光芒，是人对自己的温良、对别人的包容，是精神成熟、心灵丰盈的一种标志。拥有宽容的女人是美

丽的。她们对家人、朋友、孩子、爱人、同事、自己宽容，她们勇于承担责任，宽厚容忍，从容面对生活，对人生有着一种自信与超然的理解。

福克斯曾说："只要你有足够的爱心，保持尊重和宽容的心态，就可以成为全世界最有影响力的人。"当宽容的美德与负面情绪接触后，会起到一种感化的作用，犹如阳春遇冬雪，瞬间融化它。那么，在生活之中，如何做到宽容呢？

宽容是创造和谐人际关系的法宝，它体现了一个人思维的练达。当你能够站在对方的立场去考虑问题时，就会很容易发现其实生活是简单而美好的。生活之中，要多宽容、理解、体谅他人。

倾听是做到宽容的首要因素。你能够做一个倾听者，第一说明你是个被人尊敬和信赖的人，别人很愿意将想法说给你听。同时，你的倾听也会满足对方自尊心的需求，赢得他的好感，加深彼此的感情。人与人之间的很多误会和矛盾都是因为没听对方把话说完，以至于没有完全理解对方意图而造成的。

学会忘记是宽容的不二法门。对于别人对你的无心伤害不要在意，学会忘记。长久的记恨伤害的是自己的情绪、心态、健康和一天天的日子。

　　多看别人的闪光点。平时，你感觉自己很孤独、没有朋友吗？如果反省一下，自己是否陷入锱铢必较的求全心理中？每个人都有小缺点，如果你戴着有色眼镜去看别人，只会让他们离你远去。人人都希望得到别人的赞扬，害怕别人的指责，所以不要总是批评、指责别人，试试真诚地赞扬和欣赏周围的人，效果一定很好。

　　为人大度一些，不搞小动作。大度不仅包含理解和原谅，更显示着气度和胸襟、坚强和力量。医生说整天有报复心理，不会宽容，苛求别人的人，其内心往往处于紧张状态，从而导致神经兴奋、血管收缩、血压升高，使心理、生理陷入恶性循环。

　　宽容是心理健康不可缺少的营养素，严于律己，宽以待人，等于给自己心里安上了调节阀。孩子们很快乐，笑声常伴，因为他们思想简单，生活需要很少。人生百态，万事万物难以顺心如意，无名火与萎靡颓废常相伴而生，宽容是脱离烦扰，减轻心理压力的法宝。女人，好好利用宽容这个制胜法宝。

坚强

《易经》曰："天行健，君子以自强不息。"坚强是一种品性，是经过千锤百炼磨砺出来的，是每个人在不幸中用来支撑身心的精神脊梁。倘若不坚强，极有可能永远生活在一个狭小的空间里，至于那些更多更广的事物是无法经历的。坚强的女人，即使遇到重重苦难，仍不会被压弯了脊梁，她们向人们展示的永远是昂首挺立的姿态。可以说，坚强为女人撑起了幸福的天空。

人生中，不如意事十之八九。在巨大的人生灾难面前，如果选择了坚强，一切都会变成风雨之后的彩虹，绚丽而又张

扬。坚强的女人，能够更加从容地面对生活。就像破茧而出的蝴蝶，经历了痛苦后，绽放出魅力四射的光芒，展露出美丽。

有这样一个女人，1904年6月，她以优异的成绩毕业于哈佛大学拉德克利夫女子学院。她在全美巡回演讲，为促进实施聋盲人教育计划和治疗计划而奔波。1921年，她成为美国盲人基金会民间组织的领导人之一。繁忙的工作中，她先后完成了14部著作：《我生活的故事》《石墙之歌》《走出黑暗》《乐观》等，都产生了世界范围的影响。她把一生献给了盲人福利和教育事业，赢得了全世界人民的尊敬，联合国还曾以她的名字为主题发起一场世界运动。霍姆斯博士在梅里迈克河边幽静的家里为她读《劳斯·豆》诗集，马克·吐温为她朗读自己的精彩短篇小说，他们建立了真挚友谊。她曾说："谁都知道自己难免一死。但是这一天的到来，似乎遥遥无期。当然，人们要是健康无恙，谁又会想到它，谁又会整日惦记着它，于是便饱食终日，无所事事。请你思考一下这个问题：假如你只有三天的光明，你将如何使用眼睛？想到三天后，太阳再也不会在眼前升起，你又将如何度过那宝贵的三日？又会让眼睛停留在何处？"

那么，她是谁呢？她就是海伦·凯勒。1882年，因为发高烧，一岁多的她脑部受到伤害，从此，她什么也看不到、听不到，以至于连话也说不出来了。她在黑暗中摸索着长大，她坠入了一个黑暗而沉寂的世界，陷进了痛苦的深渊。七岁时，莎利文老师教会海伦用手触摸学会手语，摸点字卡学会了读书，后来用手摸别人的嘴唇，终于学会说话了。莎利文老师把最珍贵的爱给了她，为了回报老师对她的爱，她又把爱散播给所有不幸的人，带给他们光明和希望。人世间美好的思想情操，莫过于隽永深沉的爱心以及踏踏实实的追求，这些都会像春天的种子深深植入海伦的心田。上帝让她来到人间，似乎是向常人昭示着残疾人的尊严和伟大。正如著名作家马克·吐温所言："19世纪出现了两个了不起的人物，一个是拿破仑，一个就是海伦·凯勒。"

从海伦·凯勒的身上，我们看到了一个女人的坚强。

坚强的女人，抛弃软弱，选择坚忍。她不是经不起风雨的花草，而是傲然挺立的木棉。女人是柔弱的，只有显得富有韧性，更加富有弹性，才不容易被打垮，这是女人生存和立足社会最重要的条件之一。

坚强的女人，选择与勇气为伴。她们流过泪，大声地痛哭过，待擦干泪水后依然展现出坚强的自己，重新拾起掉在地上的画笔，用勇气与信心在逆境中为自己描绘一片晴朗的天空。

　　坚强的女人，与忍耐为伴。她们用坚强守护着心灵，让灵魂在美好的港湾停泊。她们坦然地面对一切突如其来的挫折，并将这些转化为前行的动力，最终走向成功。她们做事有耐心，她们勇敢愉快地面对任何局面。

　　坚强之于女人，是一把双刃剑，多则盈，少则亏。少了它，往往使女人陷入唯唯诺诺、自怨自艾、失去自我、无法自拔的境地；多了它，往往使女人陷入一意孤行、自高自大、只有自我、永不停歇的境地。可见，坚强也要适度。

　　为了自己，做个坚强的女人吧！也许你的生活之路现在布满荆棘，也许你的生命之舟开始颠簸摇摆，但是只要拥有坚强，你就会手持利刃，披荆斩棘，为自己创造出一条比别人更为瑰丽的道路来。

你是个宽容的女人吗

宽容是指对他人的利益、信仰、行为习惯及不同于自己或传统的观念持一种仁慈、谅解的态度。宽容的反面是怀恨，它会造成人的内心冲突和思想压力。下面有个简单的测验可以帮助你确定自己是否属于一个有很强包容心的人：

1.当你看杂志时，遇到与你的观点不同时：

A.从来不看。

B.既然碰到了，也可以看看。

C.我总是特别有兴趣地看。

2.对于下列说法，你最赞同哪种?

A.减少犯罪行为行之有效的办法，就是对犯罪行为惩罚得更严厉一些。

B.只要社会状况好了，犯罪自然就会减少一些。

C.了解犯罪者的心理是至关重要的。

3.你如何看待自己的子女同外国人结婚?

A.同意。

B.不同意。

C.未经仔细考虑某些具体问题之前，是绝对不会同意的。

4.你的朋友做出令你十分反感的事情时，你会:

A.和他断绝来往。

B.把自己的感受告诉他，并且继续和他交往。

C.这件事情与我又没有关系，我们的关系像往常一样。

5.你朋友的性格大多数:

A.都与我的性格很相像。

B.和我不同，并且他们彼此间也各不相同。

C.与我的性格大体相同。

6.在一次聚会上，你的看法与言论被某人大加抨击，之后你会:

A.继续与他争执，这令我十分愤怒。

B.认为他并没有道理。

C.谈下一个话题，并不把这件事情放在心上。

7.当你在集中精力工作时，有小孩子影响你的工作，你

会：

A.为他们玩得快乐而感到高兴。

B.对他们发脾气。

C.感觉心里特别烦。

8.上了岁数的人会大惊小怪或者为你操心，这时，你对

此：

A.耐心听取他们的教诲。

B.感觉心烦意乱。

C.看情况，不一定。

评分标准：

题号选项	1	2	3	4	5	6	7	8
A	4	4	0	4	4	4	4	0
B	2	2	4	0	0	0	4	4
C	0	0	2	2	2	2	2	2

解析：

8分以下：你是一位很有包容力的人，能够充分考虑到别

人的情况与立场，理解他们的困难。你不在乎别人的意见和自己不同，能够容忍偏激和善变的意见。对别人来说，你是受欢迎的，会成为所有人的好朋友。

9分至24分：你具备一定的宽容力，基本上能理解和自己想法不同的意见，可以接受新潮流、新思想。但当这些思想与你的信条发生冲突时，你还会对其持怀疑态度。你需要注意的是不要过分坚持自己的原则，原则都有一定的适用条件，需要仔细分析再做决定。

25分以上：你缺乏包容力，排斥和自己不同的意见，希望所有人和自己的想法一致。在别人的眼里，你可能是一个专横霸道、固执己见的人。如果你能试着关心别人的感觉，倾听他们的意见，你会发现同别人的交往会容易得多。

把握当下，过好今天

从前，有一位公主，她年轻美丽富有，身边还有一位深爱着她的王子。然而，这一切并没有使她感到开心，相反，她并不快乐。于是，她请天使来帮助她摆脱这种不快乐的日子，给她幸福。天使并没有送给她多少幸福，而是将她现在所拥有的一切全部带走了。过了一段时间，当天使来看公主时，生活还不如以往，变得落魄、潦倒。这时，天使把带走的一切都还给了她。又过了一段时间，当天使来到公主面前时，公主十分感谢天使给她带来的幸福。人就是很奇怪，拥有时不知道珍惜，失去了才追悔莫及。

　　珍惜是人类精神的一种宝贵财富，美好但也稀有。人类的本能并不懂得珍惜，只有经过生活的积淀、感悟和升华之后，才能获得这种能力。有些人穷其一生也不可能拥有，所以他们不幸福。懂得珍惜的人，是幸福的。

　　珍惜拥有的外部表现就是过好每一个今天。到什么年龄做什么事，谈恋爱的年龄谈恋爱，结婚的年龄结婚，生子的年龄生子。很多年岁大的人感慨说：如果回到年轻的时候，我们可能都会做不同的事，去恋爱、去读书、去旅行……只可惜，想终归是想，我们这一生都不可能回到从前。与其追悔年华已逝，不如把握当下。珍惜每分每秒，不做摇摆不定、幽怨不平的怨女，而做简洁明朗、清澈透底的乐女。保持一份平和淡定的心境，把自己的快乐带给别人，进而不断丰富人生。

　　珍惜自己的工作。选择喜欢的岗位，努力做到最出色，让生命焕发出独特的光彩。同时，也虚心向其他人学习，学习他们的宝贵经验，这样不仅可以少走弯路，而且可以缩短实现理想的时间。切记，工作不是为别人，而是为自己。

　　珍惜自己的荣誉。一个人的品格、能力与贡献的标志体现为她的荣誉。要尊重它，它是历尽千辛万苦积累起来的，怎能让它毁于一旦呢。

　　珍惜别人的信任。信任是别人对你人格的肯定，所以应该时刻保持清醒与理智，客观地去看待人与事。不人云亦云，多花些时间了解自己，认清自己的优点与缺点，学会扬长避短。

　　珍惜情义。亲情美好而高贵，是永远无法取代的真爱。用心倾听父母的教诲与叮咛，永远不伤他们的心。爱情浪漫而珍贵，需要两个契合很好的心灵，用心感受它的美好，它是生命中的奇迹。友情真挚而宝贵，珍惜来之不易的缘分会是永远的财富。

　　有很多人是活在明天的。所有的一切，是为了明天会更好，所以现在随意过了了，而且要到很久之后才知道：因为没有拥有现在，所以连同未来都失去了。

　　我们要欣然接受今天的自己，接受自己的愚昧、无知和快乐，并最大限度地利用一切时机，充分展现自我，这是最理想的生活，也是最值得珍惜的生活。

自信让女人更加美丽

罗曼·罗兰说："一个人缺少了自信，就容易对环境产生怀疑与戒备。"即所谓"天下本无事，庸人自扰之"。

在我们的周围，有许多女性，她们或许没有迷人的外表，或许没有骄傲的年龄，但是拥有独立的人格，拥有自己的事业和朋友。她们不会因为受到丈夫的冷落甚至背叛而变得怨天尤人、闷闷不乐，没有天塌下来的感觉，仍旧每天努力地工作，认真地生活，依然给身边每个人灿烂美丽的笑容，甜美的声音，亲切的问候，温柔的关怀。有谁能说她不美丽呢？如果一个女人觉得自己是美的，她就会因美的愉悦而容光焕发，没有

一种力量能比对美的自信更能使女人显得美丽。

自信的女人，总是给人一种赏心悦目、如沐春风的感觉。她们昂首阔步地走路，脸上尽现沉着淡定的微笑；她们不会在做出选择时徜徉不定，即使说话都是十分肯定的语气，她们举手投足间散发着独特的魅力，即使在困难挫折面前，她们依然镇定自若，泰然处之。

自信与微笑就像是她们的身份证，即使在很辛苦很疲倦的时候，她们依然有办法在最短的时间内用最恰当的方式将工作处理妥当，在众人的期待与赞叹声中，给大家送去定心的精神动力。

自信的女人并不会把自己标榜为女强人。"雷厉风行、不可一世、使人敬而远之"，不是她们想要的。自信的女人，刚柔并济，有很强的亲和力，使人易于接近。刚强使她们变得豪爽，坦诚与爽朗使人们心悦诚服；柔弱使她们变得惹人怜爱，使人们心甘情愿为她做事。无论男人女人都对她欣赏佩服，那便是源于她们的自信与洒脱。

自信的女人，知道自己要的是什么。她们会在芸芸众生中，寻求一个与自己志趣相投的人共度一生，共同谱写人生的五线谱。

　　自信的女人，她们的事业不一定辉煌，可是能够发挥主观能动性，让身处职场的自己挥洒自如，让领导与同事对自己都心悦诚服，肯定她的能力。她们举重若轻，急大局之所急，做事稳妥细致，是不可多得的助手。即使没有工作的自信女人，也不会整天无所事事，通过去酒吧来消磨自己的青春。相反，她们志向远大，对未来充满信心。对于经营家庭，她们能使一家人其乐融融，还会时常给家人带来一些惊喜，整个家庭幸福美满。对于经营爱情，她们展现给爱人的是自己温柔体贴、善解人意的一面，事事都支持自己的丈夫，这些能使他们在外奋斗感到前所未有的放松，进而更加信任、爱护自己的妻子；对于经营友情，她们总是在朋友最需要自己的时候出现，用自信与微笑为友人扫去淡淡的忧愁，用真心的话语化解友人心中的苦闷。

　　自信使人内心丰盈，外表光彩照人。自信的女人神采飞扬、气度不凡。

　　从现在起，做个充满自信的女人吧！

宽容让你更幸福

宽容能使一个人心态平和、安然自乐。一个宽容的女人，不为个人的得失而懊悔沮丧，不计较鸡毛蒜皮的小事，不为蝇头小利烦恼，她们的内心是从容、达观的。因为宽容，生活变得顺畅；因为宽容，烦恼开始变淡；因为宽容，不再多心、不再怀疑。

有一位事业成功的女性，当有人问她："在你已过的几十年人生经历中，你最大的人生感悟是什么？"她只回答了两个字："宽容。"然后又继续说道："这个世界有太多的无奈，只能用宽容的心去对待，才能得到自己的幸福与快乐。"人生

之中，为了学习、工作、家庭、婚姻去拼搏去奋斗，等等，这是一场没有硝烟的战争，为了别人，更为了自己，请记住，去做一个宽容的女人。

宽容能使一个人心态平和、安然自乐。一个宽容的女人，不为个人的得失而懊悔沮丧，不计较鸡毛蒜皮的小事，不为蝇头小利烦恼，她们的内心是从容、达观的。因为宽容生活变得顺畅，因为宽容烦恼开始变淡，因为宽容，不再多心、不再怀疑。

古人云："处世让一步为高，退步是进步的账本，待人宽一分是福，是利人利己的根基。"话虽如此，又有几人能真正做到呢？当人们在利益面前，当人们出于维护受挫的自尊，当人们感觉自己被人欺负，要做到宽容实属不易。

首先，虽然人们都知道"吃亏是福"的道理，但是常人却无法认同，也很难做到。人的天性里自私的成分居多，所以，出于自私的心理，是没有人甘于吃亏的。一个人可以做到大智若愚、宽容为怀，但要她与世无争，事事吃亏，她是不会接受的。

其次，很少有女人懂得不要让自己心累的道理。她们宁愿选择不分昼夜地为他而生气、斤斤计较每一件小事而心累至极，也不愿选择与世无争、不断地磨炼自己的心性。

为了不让自己心累，不妨做个宽容的女人，懂得宽容是一种智慧。家庭中、婚姻中、交往中都需要去做个宽容的女子。一个女人能够做到遇事不乱，小事不计较，大事能宽容，就很容易获得幸福。

女人的宽容，并不等同于纵容，不是无原则的宽大，而是建立在自信、助人和有益于社会基础上的适度宽大。它体现为允许男人沉迷于一些没有意义的小事上，比如玩游戏。让男人与其他女人交往也体现为一种宽容。在男人不思进取时，适当地保持沉默也体现为一种宽容。切记，幸福就像是一盘沙，抓得越紧，溜得越快，学会适度放轻松，给彼此一个空间。

婚姻之中，女人的宽容尤为重要。能与相爱的人在一起本已不易，何必为了小事而落得劳燕分飞？不要等爱走到尽头时，才发现是因为自己不懂宽容之过，不要让人生留有遗憾，更不要让自己留下一身的疲倦与伤痕。

流年似水，生活的实质原本就是平淡。因为拥有宽容，所以很多困扰你的事情会不战自败，因为宽容，一切痛苦都如烟散去，伤不了你。不妨对自己说，生活如此美好，为什么要烦恼呢？

第五章

女人的爱情

穿好婚姻这双"鞋"

　　婚姻就像是选鞋子，合不合脚，只有穿了才会知道。脚是你的，你绝对有权选择要不要穿鞋，如果你实在难以忍受鞋子对你的束缚桎梏以致伤害，你大可以继续光着你的脚丫来做你的"赤脚大仙"。

　　生活本来就有许多变幻莫测的因素,它更富于戏剧性，在这个浮躁的社会中，感情的不规则衍变使得不少女人对感情缺少了信任与追求的勇气。有人说，对于女人来说，拥有婚姻只是拥有了一张持久的饭票，在这个错综复杂的现实世界中，婚姻变得那么脆弱不堪一击。而人又有着千差万别的个性特征，所

以婚姻之于女人来说，也有着不同的意义。一些女人在疯狂地追求婚姻，并且有着极强的婚姻适应力，即便在婚姻的路上走得曲折艰险，她都乐此不疲；一些女人并不热衷于婚姻，能不能找到适合自己的婚姻伴侣对她们来说似乎是无足轻重，她们对对方有着苛刻的要求，如果实在找不到，也不会委曲求全而将自己的未来与一个不确定人展开一段不确定的婚姻；而又有一些女人则是折中的态度，一方面迫于家人的苦口婆心，一方面迫于自己的年龄，所以对对方就没有太多苛刻的要求，更多了一些将就，似乎婚姻对于她们来说只是个鸡肋而已。

　　曾认识一些这样的女人，她们工作上都很优秀，有着留学、国内名校毕业的种种背景，她们多是各行各业的精英，职场上能够呼风唤雨，即使在男人的世界里也能叱咤风云，显得游刃有余。可是一旦面对婚姻与爱情却并不那么顺利，有人爱上了不应该去爱的人，结果让自己伤心；而爱她们的人呢？对她又存有这样或那样的目的，让她们感觉自己是被人利用的角色，多了一些气愤；有人执着地为曾经一段没有勇气表白的爱情坚守着一个不变的期待。

　　有一个女人是一家房地产公司的高级策划总监，有车有房，生活上衣食无忧，足够的富贵与小资。三十多岁的她仍孑

然一身，在城市的某个角落流浪。她曾有过一段刻骨铭心的恋爱，然而她并没有不结婚的打算，也不是单身、厌婚一族，更不是她生理上存在着什么不可逾越的障碍，而是没有遇到自己的缘分。一次，朋友给她介绍了一个很优秀的男人，相处不久，她就发现男人看中的仅仅是她能带给自己生意上的便利。相继又有人介绍一位男人给她，无独有偶，这个男人也是抱着目的而来，男人经济困窘，而她的富裕正好弥补了男人的需求。见面、分手，周而复始的恶性循环，她发现想找到一个真正与自己贫贱与共的男人并不容易，因为自己根本就不能保证一辈子都会有如此的风光与辉煌，如果有一天，自己从名利的巅峰掉下来时，这个男人对自己如何真是另当别论了。而她的女朋友也遇到过类似的经历，男人不仅没有了宠爱，而且还不时会有恶语相加，最后婚姻就过得像地狱一样。那何苦呢？正是由于对男人彻底失望，才会对自己的婚姻不抱有幻想，她认为除了自己谁也靠不住，还是花自己的钱来得踏实。自己开心是最重要的！

　　婚姻就像是你手捧的沙子，并不是你想握就能握得住的，也不是你随遇而安就能长久的，主要看你怎样去经营。单身，

还是结婚都是一种选择，无所谓对错。单身的你，晚上回家，听听音乐泡个热水澡或看看书、上上网，也会少了家务的纠缠。相应地，单身时间久了，也会对自己的身心健康造成伤害，再加上缺少了性生活会加速衰老，少了生育会增加乳腺癌的发病概率，偶尔也会有孤独寂寞之感，生病时身边也没有个人照顾，这些都是选择单身的弊处。无论是爱情还是婚姻中，只有女人理解了男人，女人才能有独立与解放，女人的良好气质也能得以体现。婚姻不仅是一般意义的男欢女爱，它是人类至纯至真的美好情感的最终体现，爱情的意义应该是一种人生境界，只有心灵的纯净才能产生无尘无邪的爱情与婚姻。

　　鞋子合不合脚，是脚的事情，脚合不合鞋，又是鞋的问题。所以，婚姻的幸福与不幸福是不能用我们的常规理论来判断和思考的，它是不能够掌控的，只有脚和鞋两个慢慢去体会了。

好老婆修炼法宝

　　"我能想到最浪漫的事，就是和你一起慢慢变老，直到我们老得哪儿也去不了，你还依然把我当成手心里的宝。"哪个女人不希望被男人宠爱，可是，真想做个被人宠爱的女人，也是需要学点儿技巧的。

　　1. 做老公眼里的情人

　　当老公的好老婆并不难，可是同时还要做他的好情人，就需要你花费一些时间了。为什么要做他的情人，就是要他想念你、迷恋你、离不开你，提高你在他心中的地位。

2. 女人的温柔是男人最致命的武器

在他加班的时候，你不要在他的身边，因为这样会让他工作分心。不妨去给他沏杯热咖啡，或者煮一碗面，如此细心而又温柔的你，会令他着迷。当你的心里在打着一个如意小算盘的时候，不妨试用"先给个蜜枣，再打个巴掌"的办法。因为没有一个男人可以逃出女人温柔的怀抱。在他很乖的时候，你一定要将自己的想法在这一刻对他说，你那柔情似水的眼眸令他万分心动，这正是你提出要求的最佳时机。

3. 学做几道拿手好菜

对于老公喜欢的几道菜，你一定要做得出色。在这里，并不要求你会做什么满汉全席，什么山珍海味，只要求你有针对性地做几道自己老公所钟情的菜肴。不妨照着菜谱学习学习，也可以向他人取取经。最好的效果是当他到外面去吃同样一道菜时，他会认为还不如自己老婆做得好吃。

4. 永远美丽

外部形象的丑与美丽并没有直接的关系，正如有人说，世界上没有"丑"女人，只有"懒"女人。任何男人都希望陪伴在他身旁的女人永远是美丽的。在这里，请你记住，无论自己有多老，也无论在什么场合，都要注重自己的穿衣打扮，也知

道他所喜欢的穿衣风格。

5．做他最好的贤内助

要保证他每天都换干净的袜子，不能让他穿臭袜子。把他的每双皮鞋都擦得干干净净。要保证他要穿的内衣，有你处理过的香气。要知道他的整洁与干净都反映出你的勤劳与体贴。

6．有一个让他爱你的理由

每一个已婚女人都希望自己的爱情之船会平稳顺畅地行驶。然而，在这个浮躁的社会，有许多的诱惑存在。尤其是你的男人成熟又优雅，既多金又有风度时，有许多的女人会像蝴蝶一样扑过来，这是无可避免的。这时，你的年华已老去，在那样一个鲜亮的女人面前，你必须拥有一个让老公爱你的理由。或者是你长得漂亮，要是不漂亮，你就要有气质，若没有气质，就要有才华，才华也没有，你就要性格好，性格不好，就要善良。总之，你要有一样拿得出手的优点，让你与众不同，让你的丈夫永远钟情并迷恋于你。

失恋不失心

　　失恋并不可怕，可怕的是从此失去了恋爱的心。追求浪漫的女人容易受到感情的支配，一旦深陷进去，拿得起而放不下，极易受伤。她们会整日以泪洗面、心如刀绞，可谓是度日如年。为何不选择祝福他未来幸福快乐呢？敢爱敢恨敢失去，洒脱地等待下一份爱才是你的风格。要记住，没有人能够伤了你，能伤你的人只有自己。爱过了，走过了，一路欢笑，一路泪水，不要反复追问，不必苦苦强求。漫漫人生路，有人能陪你走一程已经很难得，何苦还要以爱的名义来束缚身心？勇于正视现实，将失去的爱放下，承认自己的失败，接受这些无奈，哭一场、疯

一场，然后重拾信心，放开双手，前方会有更美的风景等着你。

失恋的女人喜欢从此把自己封闭起来，不去过问感情，过单身生活。她们只会沉浸在无边的痛苦之中，无法自拔。当别人劝慰她们时，她们会说："你又不是我，你怎么知道我的感受，真是站着说话不腰疼。"

失恋的女人习惯于对爱情不再抱有任何希望。她们认为任何男人都不可靠，都不值得信赖，所以一旦遇到真正关心她们的异性，她们也会在内心深处画了无数个问号，充满了猜疑，她们充满了警惕与防备之心，正所谓"一朝被蛇咬，十年怕井绳"。

失恋的女人自暴自弃。她们会用残忍的方式来对待自己去追忆那段恋情，选择自虐、绝食。一副十分悲壮的神情：爱情都没有了，活着还有什么意思呢？

看看失恋的男人又是怎样表现的呢？他们就算是遇到很大的打击，依然会振作起来，并且马上会寻找下一段感情，因为他们知道，填补感情伤痛的最好办法就是用下一段感情来治疗他们那受伤的心。他们也伤心、也难过，但他们更清楚的是，即使再伤心再难过，事情已无法挽回，不如两人相忘于生活。

女人，请爱自己一些。分手说明你们彼此相遇的时间不对，太过执着终将造就一段孽缘。不爱了，就不要对他苦苦哀

求，不要拉着他的衣角不放，更不要用他的冷漠及逃避来惩罚你自己。早一天放手，早一天成全爱，成全自己、成全他人，不是很好吗？

选择过单身生活，你的心里做好准备了吗？身为女人，你不同于男人，他们三十好几当钻石王老五，可以自由、开放、不做作、不虚伪，你能吗？下班后，当你一个人行走在冷清的街上，一张张陌生的脸孔由你身边晃过，在迈向成功的过程中，幸福对你来说也越来越遥不可及。如果说你并不缺少朋友，也会频繁地交换男友，那为何不选择一个交心的呢？如果你不在意前一段伤痛的话，你就不会选择过如此的生活。

因为一段不成熟的感情而放弃更美好的爱情，并且自暴自弃，值得吗？虽然爱情很宝贵，但生活之中，还有爱你的家人，还有关心你的朋友，你还有自己的理想，还有亲人的期望，你把这些都抛之脑后了吗？你的做法，对自己、对家人、对社会都是一种不负责任的表现。一个人连自己都不爱，她哪里还有爱他人的心，哪里还值得别人爱她呢？

分手之后，要学着调整心情。可以将自己转型，或许，之前你总是习惯于按他的喜好打扮，现在，可以将那些你并不喜欢的东西丢掉，按照自己喜欢的风格，随心所欲地扮靓自己。

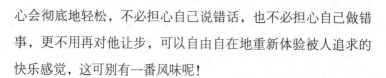

心会彻底地轻松，不必担心自己说错话，也不必担心自己做错事，更不用再对他让步，可以自由自在地重新体验被人追求的快乐感觉，这可别有一番风味呢！

一个无法面对真实自我、无法自救的女人，永远都会有苦恼伴随着她。所以，一个女人最为重要的是相信自己有爱人与被人爱的能力，对未来一切充满必胜的信心与勇气，时刻保持着乐观进取的心，保持着快乐的心情。一个快乐的人，永远都拥有迷人的气质。

越是小心地经营着爱情，它越容易破碎。分手了，就不要苦苦地纠缠，让它去吧。也许当时放弃对你来说很难，但是，当时过境迁，你会有新的收获，让那往事随风去吧。

男人眼中的优秀女人

　　男人眼中的优秀女人，无论漂亮与否，都应该是有魅力的，并且会不失时机去营造自己的魅力。

　　1. 她应该是一个永远天真可爱、不懂算计的开心女孩儿

　　她毫不矫揉造作，天真无邪的个性感染着周围的每一个人，热爱生活、无拘无束，随心所欲又有些漫不经心。

　　2. 她是男人生活中的别致的景观，一本耐人寻味的书

　　她喜欢奢侈、喧闹的生活，喜欢施展自己的社交魅力。静如处子，动如脱兔，她并不需要去做深沉的思考，也不会去考虑生活以外的东西，为自己而陶醉。

　　3. 她是一个知识女性

她给人的外在感觉是朴实、清新，没有浓妆艳抹的肤浅，思想深刻，活泼而不轻浮，稳重而不呆板。花只为懂得它的人绽放，她只把自己的美展示给那些能够走进她内心深处的人。她有着丰富的内心感受，并同时把其外化为独特的气质与教养，是知识女性的代表。

4. 温柔的个性，典型的贤妻良母

她多情、体贴、柔美、安稳、惠质兰心，她沉静、沉着、细腻，重视心灵的交流。热爱儿童，重视家庭生活。有良好的修养，她不被日常琐碎和庸俗所打扰，从不羡慕别人拥有的，只专心又平和地享用自己所拥有的美好。

5. 她不被别人操控，有着与生俱来的狂野个性

她从来不会被别人操控，因为她有着不服输的个性，尤其讨厌被束缚手脚。她喜欢独立，就像一匹难以驾驭的野马，狂野、潇洒、奔放、不羁；她有着一种力量，可以使人联想起一切浓烈和快节奏的感受，一向简洁、痛快的作风容不得半点纠缠；她的心太大也太高，于是凡俗琐事便一概被她忽略掉了，但骨子里的性感和精神上的细腻却挥抹不去。

6. 她是物质与精神的主人

她从不因为物质的满足而放弃精神的追求，相反是物质基础使她更有实力建构自己的精神世界。她洞悉世事，从中体味世态。

她在亦庄亦谐中游刃有余。她是行动的巨人，更是思想的巨人。

7. 她是一个理性的女人

她有着说到做到、言出必行的特质，喜欢分析事情、把握大局；智慧而长于思考，从不会意气用事，也不会受到冲动的惩罚；她自尊自立，热爱自己的工作，并且事业小有成就；她喜欢像男人一样生活，同时懂得聪明地、适度地、施展女性魅力。

8. 一个容易自我满足的女人

她喜欢愉悦、快乐、轻松的生活，对生活的要求并不高，不愿意有压力和波澜。安于现状和乐观的天性使她能够将青春延续。她单纯而敏感，有较好的人缘，是众人的开心果。

9. 她是浪漫女人

她既古典又浪漫，个性有着无限的魅力，有着让人为之倾倒的力量。充满诱惑又不邪恶，美是她的理想。世俗生活离她很遥远，她仿佛是落入人间的天使，来到这个世界，只为了做一个女人，而且还是女人之中的女人。

10. 她是一个富丽堂皇的女人

她喜欢与人打交道，并且施展个人独特的人格魅力。她的奢华与高贵一样引人注目，最华丽的场合总是她出尽风头。她喜欢那种众星捧月的感觉，她征服世界的方式就是去征服男人，但她并不把这当成资本。

恋爱女人需知

　　对女人来说，爱是一生的温暖，是永久的幸福。女人为情而生，为爱而死。情与爱，是一个女人最不可或缺的精神食粮，是女人生命的支柱。再聪明的女人，生命里没有爱的点缀，也只是一地清冷的月光。俗世中，男男女女都无法挣脱爱恨编织的情网，也无法逃脱爱与被爱纠缠的旋涡。对于每个涉足爱河的女人来说，要想在爱情里享受甜蜜，在婚姻里收获幸福，一定要懂得如何去爱，如何被爱；什么样的人能爱，什么样的人不能爱；如何幸福地享受爱，如何平静地放弃爱。可以说，这是每个女人涉爱前所必修的一课。

首先，不要失掉自我。不要重蹈"悲情女人"的覆辙，过三点一线定式的生活。从担心没有男友，到有了男友后整日苦等他的电话，绞尽脑汁揣摩他的心思，再到结婚后，天天等他，不厌其烦地查手机短信和监视他的一举一动。人生如戏，而你是唯一的主角，自导自演，是喜是悲、是苦是乐，都由你掌控。爱一个人就是让他更像他自己，你爱他，就让他做他自己吧！同时，你也可以更加轻松地做自己。何乐而不为呢！

其次，不要为了爱而爱，不要为了婚姻而婚姻。爱人之于女人来说，不是最好的，也不是最坏的，而是在恰当的时间适时出现的。不要仅仅因为孤单寂寞而去爱。为了摆脱一个人的状态，不加思考地随便爱，只会徒增你的寂寞与悲伤。此外，对爱情也不要抱有目的，爱仅仅是两个人的情投意合，它不是用来交换的，它的发生也是没有原因的。如果你付出的爱从没有想到过能得到什么回报，那么你就是真心地在爱着。就像徐怀钰所唱的那样："爱一个人有缤纷心情，看世界仿佛都透过水晶。我和你的爱情好像水晶，没有负担秘密干净又透明。"能够全心全意地去爱，本身也是一种幸福。

最后，珍惜爱，学习爱。懂得爱的女人，也懂得珍惜。女人的情感细腻而敏感，这是女人的天性。可是有时，如果女人不懂爱，它就会变成一把剑，不但伤了自己而且也伤了别人。所以，一旦遇到爱，女人要小心地呵护，也许会有忧愁、烦恼、彷徨、失落，但千万不要有伤害。如果你不爱他，就不要轻易接受他。人生短暂，一厢情愿是很苦的，要设身处地为别人着想。爱是一种能力，也是一种技巧，尽管人类有爱，但并不是每个人都懂得爱。所以，学习如何去爱，对于每个恋爱女人来说，是至关重要的。爱是一种责任，在你享受的同时也要付出，把你的爱人当成你生命中的一部分，在平凡的生活之中制造浪漫，把平庸的生活点缀得温馨幸福。

你属于哪种爱情性格

有一天，你独自一人来到海边，令你想不到的是发生了一件奇怪的事。当你正在海边的沙滩上散步时，走着走着，突然听远方有人在叫你。于是你抬头四处张望了一会儿，看到有一个男人在你的右前方，他穿着一件米色的长裤，光着上身，手中挥舞着他的衣服，向你大喊：快来看！这里有好大一个贝壳呀！请问，你觉得这个男人手中的衣服是什么颜色？

a. 蓝色　b.红色　c.紫色　d.黄色　e.黑色　f.白色

选a的人

【你的爱情性格】

你的感情细腻而丰富，像水一样的多情。正因如此，你的恋情从未曾断过，仿佛你是为爱而生，一生只为恋爱生活。你温柔而又体贴的个性，总是在不自觉之中让异性为你深深着迷。你的频频放电，使你在情路上无往而不胜。

【你的情变疗伤法】

对异性来说，你的柔情是一种致命的吸引力。而对于你自己来说，有时它是一种致命伤。固执的你，总是认为只要温柔以待，就能得到真爱，可是你并没想到对方有时"不吃这一套"，当他拂袖而去时，你就会接连不断地找朋友倾诉你内心的苦闷，把自己的情感寄托于艺术创作和自己感兴趣的事情上，静心等待下一段恋情的来临。

选b的人

【你的爱情性格】

你是个敢想敢爱的人，爱得果断、爱得爽快。即使他与你分手了，依然会让他一生都难以忘怀你的样子，你的影子会时常出现在他的回忆里。然而，这并不代表你的情路畅通无阻，你们爱的时候轰轰烈烈，散的时候也是惊天动地。

【你的情变疗伤法】

尽管你的身上散发着恋爱的魅力，可是你依然摆脱不了被

甩的命运，而且概率很高。对待感情，你总是很投入，以至于当对方已经抽身，你还被蒙在鼓里，一切浑然不知，当你意识到情况不对时，早已人事全非。这时候的你会低迷、颓废一阵子，不理睬任何人，不关心任何事。何时你会自然痊愈呢？当然是寻觅到下一个对象之时。

选c的人

【你的爱情性格】

对异性来说，你是个很神秘的人。总给人一种若即若离的神秘感，让别人猜不透你的心思，因为它既内敛又深沉。说实话，与你在一起，会让你的情人有一种"痛并快乐"的感觉。一方面迷恋你的距离感，另一方面又为了不懂你而觉得痛苦。

【你的情变疗伤法】

你时刻地保护着自己，不会轻易地把情感表现出来。一旦发生情变对你来说，是一种巨大的打击。因为当你好不容易愿意为对方付出时，却遭遇情变，你必须用好长好长的时间来恢复。至于你的疗伤方法，当然是选择让自己更沉默、更自闭，在一个人的世界里慢慢咀嚼情变的苦涩。等你准备好了，自然会再重出江湖。要多长时间，当然要看你的心结何时能够解开了。

选d的人

【你的爱情性格】

你的爱开朗而又明了，它就如同你的个性一样开朗、快乐。把局势搞得暧昧不明不是你的特长，你从不会让对方有模棱两可的猜测。在你看来爱就是爱，不爱就是不爱，没有中间暧昧地带，一切奉行公平、公正、公开的方针，十分符合民主精神。

【你的情变疗伤法】

既然你是个敢想敢爱的人，你当然也会全心全意地去爱，爱了就不说后悔，你把恋爱当成人生一种健康、愉快的活动。当情感发生变化时，你也会伤心难过，可是这只是暂时的，会很快复原。伤心时，你会把重心暂时放在有意义的学习或助人上面。你是珍惜时间的人，不会把时间浪费在做无谓挣扎之上，当然不会被情变打倒。

选e的人

【你的爱情性格】

爱情极端主义者，非你莫属。你认为，爱情不是单纯像一张白纸，就是复杂像一张地图，这完全取决于所遇到的对手是谁。你是遇单纯则单纯、遇复杂则复杂、遇强则强、遇弱则弱

的人。爱情之于你，只是场游戏而已。你不喜欢被控制，但是愿意负责任。

【你的情变疗伤法】

爱情中的你，是个不折不扣的顽固分子类型，虽然表面上看起来很随和。你还是个狠角色，只要想得到的，终究会落到你的手上。遇到情变时，会显得异常的冷静，你不会让对方知道你的想法。

选f的人

【你的爱情性格】

爱情之于你，是一个学习的过程。你希望从爱情中学会两性的关系、学会如何扮演好自己的角色。凡事你都会从乐观的角度思考，对待爱情也是一样，你认为既然要和对方在一起，就应该百分之百地忠诚和信任。

【你的情变疗伤法】

你绝对不会相信自己遭遇了情变的事实，除非是自己亲眼所见。如果很不幸地，事实的结果的确是悲剧一桩，你也不会自暴自弃或怨天尤人。也许你必须度过一个低潮期，但是你会选择用包容和时间来淡化痛苦的记忆，而且你终究还是相信世间是存在着真爱的。

女人结婚后的三个"雷区"

婚后女人，有三个误区极有可能让你处心积虑维系的婚姻土崩瓦解，要加强注意！

雷区之一：我嫁的是他，又没有嫁给他的家人

对于大多数的女性朋友来说，她在与老公谈恋爱时，并没有过多地了解对方的家庭情况，也没有引起她的重视。因为她自认为嫁的是自己的男友，又不是他的家人。这种说法听起来似乎很有道理，然而，它却经不起现实的考验。因为嫁给了一个人也就是嫁给了一个家庭，嫁给了他的成长轨迹，嫁给了他的生活习惯。一个人小时候形成的习惯往往会成为他一生的习惯，而且多数的家庭习惯也会与他个人的生活习惯如影随行。

在此，我要说，嫁一个人并不是嫁给了他本人，而是嫁给了他的全部。

雷区之二：结婚以后，我一定要好好地改造他，因为他是那样地爱我

世界上没有两片完全相同的树叶，何况是两个来自不同的生长环境、有着不同思维模式、有着迥然不同生活习惯的人。两个人在一起过日子，一定会有矛盾产生。尽管有时只是为了一些鸡毛蒜皮的小事情，或者是一些生活上的小细节，然而，恰恰是这些不起眼的事情，最容易消耗婚姻的耐受力。

女人认为结了婚以后，要尽可能地改造老公的一些坏习惯，她们往往采取各种各样的办法去改造对方。这也就昭示着一场没有硝烟的战争的来临，在这里，家不再成为男人甜蜜的港湾，而是处处对垒处处作战的无名战场，最终，无论是哪方获胜，两个人都会很累。不妨多多观察他的成长轨迹，因为他现在所形成的习惯大多数来源于家庭。与其面对那些徒劳的改造计划，不如关注他的成长，用欣赏的眼光多多了解他，走近他，包括他的过去现在与未来。爱一个人，不是要他成为一个什么样的人，而是让他做他自己。

雷区之三：因为我们已经结婚了，所以他是属于我们这个

小家庭的。

　　每个人都有自己对自由与梦想的追求，即便你们已经成婚，也不要认为他是你的私有财产。要知道，他属于他自己。他不仅仅因你们的小家庭而存在，他还有自己的生活和交际圈子，有父母、亲人、朋友、同事等等。如果想让你们的婚姻之树常青，就要随他一起融进这个大圈子中来，就像你也有自己的生活圈子一样，你也不希望被他束缚。给他自由，给他空间，也是在给你自己自由与空间。

　　当你想同爱你的男人结婚并共度一生时，一定要做好心理准备。因为你不仅仅是同他结婚，也是同他的各种轨迹结婚，包括家庭背景、社会背景以及他的生活习惯。请你一定要十分清楚明白的是：你选择的男人、你所选择的生活绝不仅仅是他单独的一个个体，而是他的家庭成长环境以及与他有着千丝万缕交往背后的那个复杂的社会团体。

营造和谐的夫妻关系

同事关系、朋友关系、婆媳关系、夫妻关系等都需要女人去处理。而把夫妻关系处理好，对于女人而言则是其中最为重要的。夫妻关系不好，很容易伤害彼此的感情，严重时还会落得夫离子散，事业也会相应地受到影响。所以，对于女人来讲，处理好夫妻关系是重中之重的大事。在此，给你传授几点秘诀：

1.包容丈夫的缺点

男女双方谈恋爱时，彼此之间往往是将自己最美好的一面展现给对方。可一旦结了婚生活在一起后，各自的缺点就开始

暴露无遗了，呈现给对方的都是本真的自我。可"金无足赤，人无完人"，凭什么以完美要求于自己的丈夫呢？爱一个人，便意味着全身心地、无条件地接受并包容他的一切，包括他的缺点。因此，对丈夫的缺点，妻子不要太过较真，求全责备，而应该多体谅、多包容，这样彼此相处才会和谐，婚姻才会得以延续。

2.多赞美丈夫

生活中，一些女人不但不愿赞美自己的丈夫，反而会经常挑剔、指责丈夫，甚至还会拿自己的丈夫与别的男人进行比较。既然你选择他做你的丈夫，那么你一定是欣赏他身上的某些优点和超过别人的长处。所以，作为妻子，你不要总拿自己的丈夫和别人做比较，更不要挑剔、数落丈夫，而应该时常温柔地鼓励他，赞美他："你真了不起，我很以你为荣！"使丈夫重新建立起奋斗的信心和勇气。

3.用心去体贴丈夫

当丈夫在外"受伤"了，回到家心情不好，妻子要用疼爱的心治疗他的创痛；丈夫从外地出差回来，身心显得很疲惫，妻子就应该主动一点，或为他倒上一杯热茶，或打来一盆洗脸水清洗他旅途的疲劳；这样会给丈夫以宽慰和无比的惊喜，丈

夫会觉得你非常在乎他，于是，他会越发爱你、呵护你。

4.与丈夫共享嗜好

社会学家米特说："共享每一件东西，包括某一种信仰，可以使人与人之间的关系更加密切。"适应与分享爱人的嗜好和偏爱，这是获得美满幸福婚姻的重要因素。

如果夫妻两人经常把谈话的焦点集中在孩子或工作上，慢慢地就会发现除此以外你们可谈的东西很少。这时，你们不妨抽出时间来培养一些共同的兴趣，并一起参与其中，这样做不仅能为索然无味的婚姻增添几多乐趣，也能使夫妻之间的共同语言与日俱增，夫妻间的感情自然也会愈来愈深。

5.与丈夫保持适当的距离

赫尔岑说："人们在一起生活太密切，彼此之间太亲近，看得太仔细、太露骨，就会不知不觉地、一瓣一瓣地摘去那些用诗歌和娇媚簇拥着个性所组成的花环上的所有花朵。"夫妻之间能够朝夕相伴那是幸事，但也要注意适当地保留一点距离，比如分床而居，既有利于休息，又会使夫妻双方保持各自的神秘和魅力，让相互的爱情在若即若离、不冷不热中久远维持。除了保持地理距离外，夫妻间保持一定的心理距离是更重要的。谁也不要试图去改造对方，而是要设法适应对方，让对

方有独立的人格、独立的个性和适度自由的生活圈。

6.不要轻易猜疑丈夫

信任是夫妻间关系最重要的原则。夫妻之间如果没有了信任，互相猜疑，家庭的气氛肯定是阴霾密布。女人要想使婚姻生活永远和谐温馨，就不能轻易猜疑自己的丈夫，而应该充分信任自己的丈夫。

7.争吵后要主动示弱

在现实生活中，不吵架的夫妻几乎是没有的。当有了矛盾后，夫妻两人应相互忍让，协商解决，万不可为一点儿小事而争吵不休，从而影响夫妻间的感情。如果两人在一气之下发生了争吵，妻子则应该学会主动"示弱"，向丈夫说声"对不起"，给丈夫台阶下。如果那句"对不起"很难说出口，那么你也可以做一桌他所喜欢的好菜犒劳一下他，然后将自己洗得香香的送到他的怀里。

你属于哪种老婆

1. 请你设想一下，在你理想中的房子外形是什么样子的?

A. 是一个红砖屋，并且具有古典风情（欧洲）

B. 是美式风格的比较简单干净的小屋

C. 是有着与自然浑然一体的独特风格的木制乡村小屋

2. 在这个屋子门口放些什么东西，你认为会比较吸引人?

A. 门口放一个有着大自然感觉的超级鱼缸

B. 有一条富丽堂皇的大道，并且都是用大理石来镶嵌

C. 门口应该是被浪漫温馨的鲜花点缀的一个大拱门

3. 屋子里摆放一个与众不同的柜子，你认为是什么样子

的呢？

　　A. 为了使衣服不易损坏，那个柜子应该是真空的

　　B. 这个衣柜应该是充满花香的，每一件衣服都散发出浪漫迷人的味道

　　C. 衣柜应该充满着现代高科技的气息，它的门应该是感应的开关

　　4. 你会如何来设计书房呢？

　　A. 典型的事业型书房，像办公室一样气派

　　B. 书房只要简约大方就好，一切从简

　　C. 像学校的那种设计风格，有一些怀旧的感觉

　　5. 你会选择哪种风格和色彩来粉刷墙壁？

　　A. 只单独地使用一种简约的色彩

　　B. 会选择一些云彩、飞鸟、树木当作背景的图案

　　C. 选择正方格、圆形或者是一些线条来当作背景图案

　　6. 房间的角落里，有一个柜子，你希望它是什么形状的呢？

　　A. 正方形

　　B. 不规则的几何形

　　C. 太空式的圆桶形

　　计分：选A得1分，选B得2分，选C得3分。

　　答案：

A．6～8分　　终极黄脸婆

你从结婚之日起，脸上就开始变色，天天妆也不化，身材也懒得理，脸色渐渐从白里透红变成暗黄惨白，老公开始对你有微言，下班也不愿回来对着你。之后你会终日郁郁寡欢，乱发脾气，经常和老公吵闹，其实婚后除外貌要保持外，感情也一样要坚持。

B．9～11分　　女强人老婆

你算是模范女子的佼佼者，不只入得厨房出得厅堂，还有自己的事业，深得男人倾心之余，女人也会以你为榜样。你坚持要有自己的事业，不用老公养，且具备中国传统女性的美德，无论工作有多忙，你都一定会抽空打理家务，照顾家人，相对来说家庭是你的首选。

C．12～14分　　富贵型老婆

你婚后的生活会多姿多彩，你的另一半，一定是你要找的那个如意郎君。

D．15～18分　　懒惰型老婆

婚后的你会致力于被老公照顾为己任，从拍拖开始，他已经把你照顾得无微不至，有钱的话他一定会请保姆帮你做家务，就算没钱也不会让你做，像拖地、洗碗这样的事他一定会争着做，最多让你抹抹桌子。

做他的宝贝

　　有人说："恋爱的女人智商为零。"处在恋爱中的女人容易盲目，不懂得如何经营爱情，只是以为一切顺从他将就他，就可以获得他永远的爱恋。其实不然，爱情是平等的，是双方共同付出的，只有在彼此爱恋的前提下，互相理解和体贴，才能使得爱情越来越甜蜜，而不是越走越远。恋爱中的你，不但要兰心蕙质，还要拥有智慧，保持一颗清醒的头脑；充满理智地爱，又不缺乏激情；执着地去爱，又不做情感的俘虏。唯有如此，才不会在爱情的路上迷失自我。那么，如何做他的宝贝呢？

　　1.　自信、独立

女性的刚毅与柔情的完美结合能够创造恋爱生活的奇迹，使他与你的交往变得健康而富有情调。你要懂得欣赏自己身上的魅力，同时也要相信自己有能力吸引心目中的恋人，自信会让你格外美丽。独立，就是不依附于他，要有自己的生活圈子，不要把所有的重心都放在他身上，他累你也累，要独立。

2. 宽容、善良

在《飘》中，斯佳丽是一朵美丽带刺的红玫瑰，还有一朵更为迷人的紫荆花——媚兰妮。她并不是美丽强悍的角色，却成了斯佳丽崇拜之人的妻子，成了斯佳丽至爱的白瑞德所尊重和敬爱的女子。她就是那么静静地、优雅地摇曳着，有着说不出的诱人。恋爱中的你，也要学会宽容与善良。

3. 表达你的爱意

爱不是单方的付出，它也要有回应，把你的爱意要及时传达给爱人。在男友为你做一件事时，不管那是大事还是小事，你要适时地对他说声谢谢，谢谢他的"好"，郑重地表示你的感激之情。一方面，说明你把男友的好都放在心上；另一方面，也起到了示范作用，让男友也学会对你付出的点点滴滴都放在心上。

4.爱他就要宠他

在一些小事上付出，你没有费多少力，对你们之间的关系影响却不小。这可以令他感动并记得你的好，换来的是他更深挚的关爱。首先，在他身心疲惫的时候，你为他冲杯热咖啡并静静地守候在他身旁，或者离开，让他独处。其次，养好他的胃，学会做几道他喜欢的菜，俗话说得好："要抓住男人的心，首先要抓住男人的胃。"最后，当他洗完头，可以帮他梳梳头，给他一种幸福感。当他灰心失落时，把他当大男孩儿哄，双手环抱着他，静静地陪伴他。当他困惑苦闷时，给他关怀与爱心，并给他加油鼓劲儿。

5. 保持你的神秘感

对方一旦了解了你的全部事情，兴趣也会随之急速冷却。因此，一定要做到亲密有间，不用事事都对他说得清楚明白，在恋爱期间保有一种神秘感。比如：少说关于自己的事情，不让他送到家门口，编造几个讨厌做的事，总是在某个时间道别，制造偶然相遇的假象，等等。

6. 自尊、自爱

"她并非美人，但我却十分钟情。"男人经常说这句话，原因是她有独特的魅力吸引着他。尤为关键的是她自尊、自爱。人人都想轻易得到任何东西，但人人都不会重视随手可得的东西。

7. 适当发些小脾气

不要一味地迁就他，况且迁就他的缺点就是对他的纵容，哪有永不吵闹的恋人呢？所以，适时地发些小脾气更能增进彼此的感情。当然，前提是你不能无理取闹，一味地要小性子，只会让爱人离你而去。还要记住，当天的矛盾当天解决，不要让它成为历史的遗留问题。

8. 有效驱走情敌

大师莎士比亚说："爱情是一朵生长在绝壁悬崖边缘上的花，要想摘取就必须要有勇气。"记住，爱情是不能出让的。在微妙的爱情关系里，出现情敌是很正常的。所以，一旦出现，你要理智地对待，重中之重，是你要清楚地知道自己是处于弱势还是强势。在这里，哭闹只会让他离你远去，如何让他对你保持兴趣、怀有希望是最重要的。实在是无法挽回，你也不必强求，给他自由，也让你自己解脱，微笑释然，放弃也是一种美。

9. 不断充实精神生活

为了克服恋爱中经验不足，你要有刻苦学习和勇于实践的精神，在学习和实践中不断丰富自己的经验。健康向上的精神生活是培养良好性格的基础，理想是精神生活的支柱。你要有坚定的目标，坚毅有恒的行动，有克服困难的能力。如此上进的你，还有谁会不喜欢呢？

他会是你的"准"丈夫吗

　　恋爱中的女人常常为了一份心跳的感觉而忽视很多生活细节，即使偶尔感觉到有一些不妥，也会以种种理由为对方开脱，直到有一天发现这个让自己倾心付出的男人并不是真的爱自己时，才方寸大乱、后悔莫及。所以，光凭感觉是靠不住的，得用心去识别，并使自己冷静地站在高处，俯视男人，弄明白什么样的男人才是你的最终选择。鉴于此，如何识别他是

否是你未来的"准"丈夫，你们的爱情又能否抵达安全港湾，现在就传授你几项高招。

1. 他是哪种"型"男：会挣钱的男人、事业型的男人、浪漫型的男人、现实型的男人

嫁给能赚钱的男人，你将来肯定会变成贵妇人，满身的珠光宝气，过一种衣食无忧的生活。但也可能会面对他将来的一纸离婚书，或者独守空房，享受"金丝笼"的冷清。

嫁给能工作的男人，你会觉得生活很稳定。但同样你也可能面对独自一人承担所有繁重的家务，一手照顾老人一手又要照看孩子，当你生病时，他也不在身边。你不禁慨叹，我还要付出多少青春！

嫁给浪漫的男人，你不会感觉到生活乏味。但同样你也可能面对他说给你的话会不会说给别人听的问题，当他不厌其烦地对你说浪漫话语时，煤气罐谁来扛？

嫁给现实的男人，他会分担你的家务，但同时也要面对他根本就没有多少进取心，对于上进的你来说，时间长了，你的心理就会不平衡了。

综上所述，不难看出，无论嫁给哪一类男人你都会觉得不满足。那么，满天下的女人都单身，都不结婚了吗？答案当然

不是。不能因为怕风雨和虫子的存在就拒绝去播种，要相信以自信和能力，一定可以拥有一段美好而永恒的婚姻。

2. 对下列男人，勇敢地说分手

（1）无论是学识还是家境，你们之间的差距都很大，你要和他分手。试想，他各方面条件都不如你，他甘心与一个什么都高过自己的爱人永久生活在一起吗？你让他的自尊心往哪儿放呢？假如他各方面都超出你很远的话，你能保证在以后的日子里，他都会像今天这样温柔地对待你吗？不要因为虚荣心而把自己置于一个很低的位置。当今社会，择偶仍须"门当户对"。

（2）性格不好的男人，你要和他分手。对于"大男子主义""乱吃醋、斤斤计较且十分偏激"的男人，要提出分手，早分手早解脱。大男子主义的男人，他们根本就不需要女人，只是把女人当成副产品。

（3）"花心"不重视你的人，你要和他分手。有时，男人谈恋爱是碍于面子的。也就是说他或许根本不爱你，为了保护他的自尊（为了家庭的关系，也可能是为了和同学朋友比较），他会不择手段地追求你。如果他不甘于寂寞与你交往，那么他平时没空时，从不会主动联系你。只有在他们无聊时，才会找你来打发空虚的时光。特别是当大家成双成对地活动时，你的重要

性就突出了。对于这种男人来说，事业和人际关系才是最重要的，爱情对他来讲，只是经营人际关系的一个手段而已，他根本不是真的爱你。所以，你要对这种男人说分手。

女人婚前必知

恋爱不同于结婚，从恋爱到结婚，也是从浪漫到现实的过渡，这二者有着本质的区别。婚姻不是机会的产物，它是理性与智慧的选择，是爱情的完美升华，是女人永远的幸福天堂。然而，也不能排除已婚夫妇之中出现怨偶。正如大家所言"遇人不淑，所托非人"。为避免这种状况发生，女人在婚前应该必知以下几点：

　　1．不要有的择偶心理

　　（1）只要有钱，我就嫁他。从小在贫穷环境里长大的女孩儿，很容易有这种心理，尤其是在经济落后的地区。她们结婚的目的，是可以拥有一张永久的饭票，可以满足她们的衣、食、住、行。金钱至上的婚姻是不牢靠的，因为一旦没有了钱，两人就不得不分道扬镳了。

　　（2）只要有权，我就嫁他。她们结婚的目的是为了打通自己的仕途之路，所以甚至两人间的感情和心理是否相容，都不是她所在意的。她只在意这桩婚姻是否对自己有帮助。把不可告人的动机放在婚姻首位，这种爱情是不会牢靠的。

　　（3）他长得帅，我就嫁他。靠对方外表产生的爱情是短暂的，不牢靠的。因为随着时光流逝，老去了人的美丽容颜，况且还会遇到更帅的人。外貌的美丽只能取悦一时，经久不衰的取悦需要一颗善良智慧的心灵。

　　2．抛去小聪明，拥有大智慧

　　男人娶你，看上了你的什么呢？是你有钱？是你美丽？都不是，他娶你，是因为你有智慧。不过，它要与小聪明区分开。

　　小聪明的女人，喜欢翻看爱人的公文包，探询丈夫的行踪，查阅他的手机短信，实时监控；时不时地猜疑、不懂得修

炼自己的心性，总爱钻牛角尖，不给别人独立的空间，遇到事情不冷静分析，我行我素地解决问题。

智慧的女人懂得把握男人，而不让男人感觉到自己被掌握。智慧的你，温情又充满激情，给他满满的爱。你懂得与他沟通，体贴周到又善解人意，助他成功。你有修养有内涵，不会嫉妒、猜疑，让他安心。你大方独立，内心丰富，使他舒心。你的可爱与智慧、快乐和幸福让他开心。

3. 慎重选择，不要以为结婚后爱情就能永存

两人的恋爱在情火炽热时，不经思索便做出结婚的决定，这份爱情的生命力很值得怀疑。结婚仅是对爱情考验的开始，婚姻是爱情的延续，它会使两人的爱情逐渐转化为亲情。家庭的柴米油盐、琐碎家务，需要两人太多的共同努力来经营。

当你们俩人真正生活在一起时，或许并不是你想象中的样子。这时，你的内心会伴有失落、痛苦与遗憾。此时你的婚姻对你而言，就像是鸡肋，食之无味，弃之可惜。时日一久，你大梦初醒，这种隐忍于人于己又有何益呢？选择了这种婚姻，你失去了青春、自由、个人的发展，这是你想要的吗？

4. 爱人具备这些吗

对事业的态度，有足够的抱负，有进取心，能够拿得起、

放得下，即使遇到失败也不灰心，有很强的责任感；有很强的办事能力，对金钱看得很淡，生活态度很乐观。同时，还要考察他的性格，是否有很强的支配欲，是否脾气过于急躁，是否自私自利，从不为他人着想。他的朋友圈子如何？当然最主要的还是他对你的态度。他关心你的一些小细节吗？他对你的工作和学习支持吗？你和他理想中的妻子形象差多少？

5．想到婚后有可能发生的状况

（1）你们彼此的物质准备。包括结婚时必要的生活用品的购置和婚后经济生活的来源。还有给父母的赡养费，子女的抚养费、教育费等，都需要你有一个心理准备。

（2）如果以为婚后的生活是鲜花铺路，金光灿烂，那你就大错特错了。婚后你要有很强的适应能力。包括面对生活中的苦辣酸甜、喜怒哀乐。而且你也要面对洗衣、做饭、家务劳动，还要考虑到衣、食、住、行各方面的问题。你们来自于两种生长环境，彼此更需要很长一段时间来磨合感情。遇到问题，沉着冷静，多宽容、理解对方，你很快就能适应。

（3）还要补充一下自己没有涉足过的知识。如性生活知识、计划生育和哺育子女的知识；烹调知识以及处理各种关系的知识。这样，对你们彼此的身体健康都有好处。用科学的态

度对待生活，会提高生活质量，增大幸福指数。

6. 重视婚检

婚姻对于女人来说，是人生中的一笔大交易。放弃了医生对你婚后健康性生活的指导，放弃了医生对你优生优育的良好建议，是不明智、不理性的选择，有可能为你今后的幸福生活埋下隐患。所以，为了你的幸福着想，结婚前，要进行婚检。不但你们的感情需要考察，你们的身体更需要考察。